家居毛线拖鞋图案大全

欧阳小玲　徐　骁　编

河南科学技术出版社
·郑州·

温暖的心愿

我叫徐骁，在汽车制造厂工作。

我的母亲欧阳小玲，非常喜欢手工编织，对用毛线钩拖鞋更是有着近乎偏执的喜爱。

她钩每双鞋时都异常用心，相比他人钩的鞋要好看、好用很多。为此，许多人向她学习钩鞋的方法，还有许多人找上门来买鞋。

自己的作品被人欣赏、喜爱是件很开心的事，我的母亲就愈发喜爱钩鞋了，她还不断钻研创新，设计了许多图案。

鞋子一双一双地钩出来，又一双一双地被人买走……

四年前的一天，偶然间，心生感慨：鞋子再好，卖了，便没了，可惜了。

也就是这不经意间的感慨，产生了自己出一本书的想法。这最初始的想法很简单，为的就是寄托心间的那份喜爱，留住手中钩织的那份美丽。

这个念头一冒出来，便一发不可收了，于是，我们开始了筹划和准备：

首先要收集图案，来源有两部分：一部分是来自于民间的常用钩鞋花式；一部分是我母亲自己多年来的自创花式。

然后是绘制图谱。我先打印出网格，交给母亲，由她在网格上手工画出图谱，我再利用计算机进行二次绘制，形成标准图谱——这是整个过程中最麻烦、耗时最多的环节。

没有一张图谱是能一次顺利定型的，因为大部分图谱并不是一开始画出来就能用，往往还需要按图谱再钩一下，根据实际情况，判断图谱是否实用。如果钩出来的图案不好看，或者不实用，就需要对图谱进行修改，并重新绘制，再钩出新鞋进行验证。

一次修改不行，两次，两次不行三次，如此反复，一个图谱最快也要一个星期时间才能定稿完成。

有时候忙不过来，连对钩鞋没什么兴趣的老爸都被拉来，被逼着帮老妈整理毛线，几年下来，整理的毛线估计也不下千斤了。

我只是在工作之余，把手工图谱用计算机绘制出来而已，相比于老妈，算是很轻松的了，但是依旧很多次因为她不停地修改而大皱眉头，感觉太麻烦了。但老妈觉得，既然出书，就一定要认真负责，要让别人按图谱能钩出漂亮的图案，不能让读者失望。

我还能说什么呢？只有是尽力帮她完成心愿。

经过反反复复数百次的修改与整理，这本书中我们送给读者的有动物、人物等各种图案共一百种。

为了让初学者能轻松上手，我们非常用心地用一步一图的方式，从起针开始，详细介绍了钩鞋的基本方法。

如果你还是有不明白的地方，可以到这里（www.hnstp.cn）查看一下毛线钩鞋的视频资料，有时影像确实有“一目了然”的奇效。

如果你还是、还是有不解之处，嗯，好吧，帮人帮到底，你可以通过QQ群（102970179）和我联系，我一定会尽力解答，让你也能钩出一双漂亮的鞋来。

恍然间，四年时间已经过去了，这期间我们倾注了太多的心血与情感，经历了太多的艰辛与折磨，记得有一次我的母亲一个星期没有钩出一双鞋，我大为奇怪，回家一看，原来她的几根手指都已被毛线磨破，缠满创可贴，根本无法抓钩针了……

如今，这些努力都集合在这本书中，终于梦想成真，心中的激动真的已经无法用语言来表述了。

那我就不多说了，现在，该你出场了，拿起钩针，为你爱的人钩一双独一无二、温暖的鞋吧！

徐骁

2013年8月

目 录

钩鞋的工具和材料

钩鞋所需的工具和材料很简单，钩针、毛线、鞋底，这三样就行了。当然，手头还需备一把剪刀，剪断毛线时用。

钩针

如果不知道去哪里买钩针，直接上网找吧。

在淘宝上搜索“钩针”，各种标号、材质的钩针应有尽有。

钩针标号的大小是指钩针头的大小，一般根据线的粗细来选择。

同样粗细的线，用大钩针钩出的鞋比较稀松，用小钩针钩出的鞋比较密实。

初学者选择略大的钩针比较容易上手。

有的钩针是一头有钩，有的钩针是两头有钩。

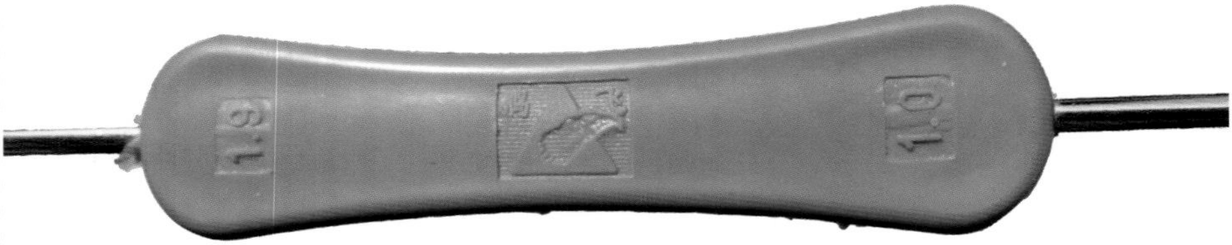

如图，初学时可用 1.9mm 的一头钩，熟练后可换 1.0mm 的一头钩。

毛线

毛线有粗细之分。

粗线钩出的鞋较稀松，细线钩出的鞋较密实。粗线钩起来针数少，速度较快；细线钩起来针数多，速度较慢。

毛线按材质可分为腈纶毛线、纯羊毛毛线、混纺毛线，各有不同的特点，都可用来钩鞋。

腈纶毛线的优点是便宜，每斤（500 克）只需十几元钱，耐磨，耐菌虫腐蚀；缺点是容易起小球，舒适性、保暖性较差。

纯羊毛毛线的优点是舒适，保暖性好；缺点是价格较贵，每斤（500 克）需几十至上百元，耐磨性差，不耐菌虫腐蚀。

混纺毛线的价格、舒适性、保暖性、耐磨性、耐菌虫腐蚀性等都介于上面的两种毛线之间。

鞋上的图案是用不同颜色的线来表现的。所以要备好自己喜欢的颜色，线的粗细要一致。

本书所选的毛线是腈纶的，中粗的，粗细为 2 ~ 3mm。
38 码的鞋每双大约需用线 4 两（200 克）。

鞋底

网上各种鞋底应有尽有，可根据自己的需要和喜好选购。

最省事的是用现成的鞋底，上面附有一层布，包边和打底线都已做好，大约每双需五六元。

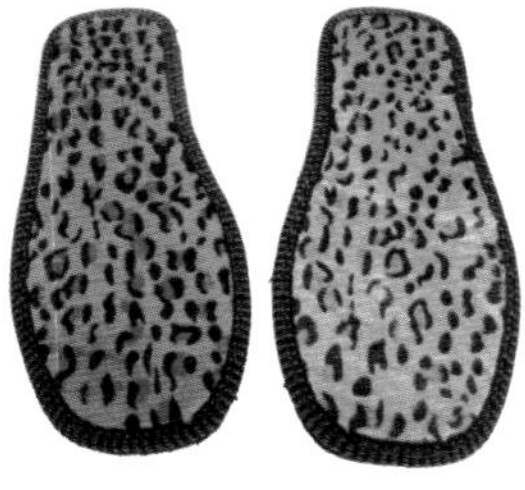

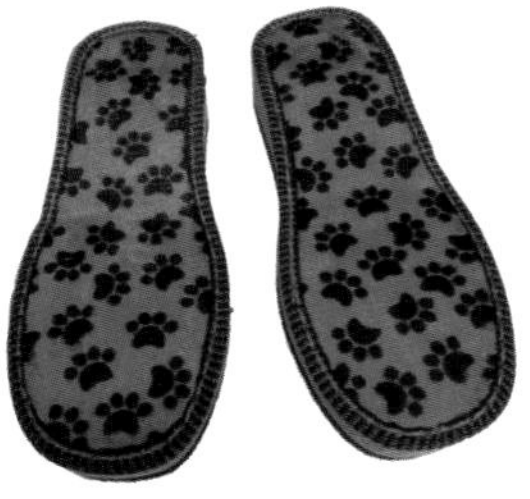

鞋底的大小根据需要选择。
本书所选的鞋底是 38 码的。

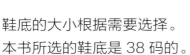

打底线

钩鞋时首先要弄清楚什么是打底线。打底线是指缝在鞋底边缘的一圈线。打底线是分节的，如图所示，钩针从一节打底线中穿入。

顺便说一句，过去买的鞋底上不带打底线，要自己制作，比较麻烦。

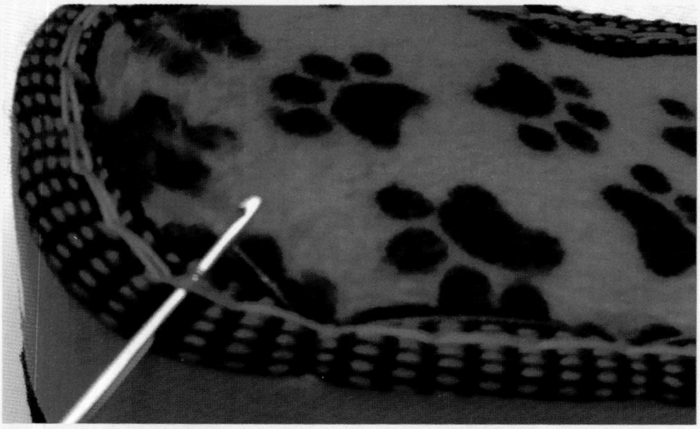

上面介绍的三样东西都准备好了吧，来吧，开始我们轻松、有趣的钩鞋之旅吧。

钩鞋的方法和步骤

钩鞋时首先要沿着打底线钩几圈线，就像盖房子的地基一样，我们这里也称为地基。然后在地基上一排一排地钩出鞋面即可。

钩鞋的针法很简单，钩地基的针法是短针，钩鞋面的针法是长针。

地基

第 1 层地基

起针

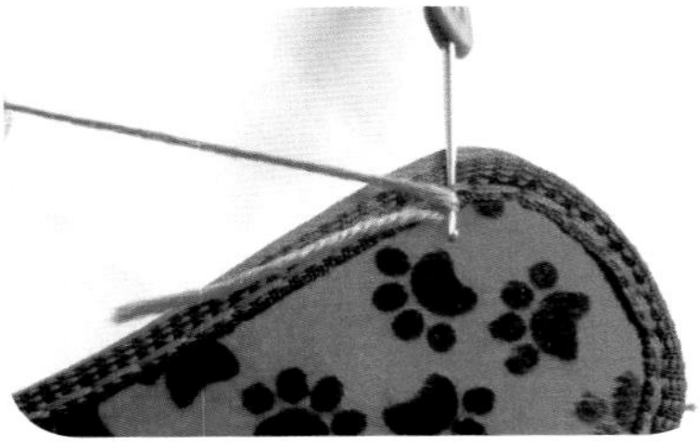

钩鞋的起始点在鞋跟的一侧。把钩针穿过打底线，钩住毛线。

把线从打底线下钩出来，形成线圈。

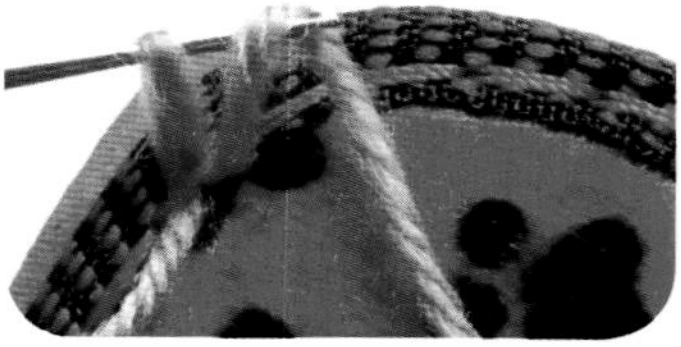

把线绕在钩针上。

钩住线，从线圈中拉出。

适当拉紧。好了，到这里，起针就完成了。接下来，把钩针插入下一节打底线，开始钩短针。

短针

下面的 4 幅图详细介绍了短针针法。

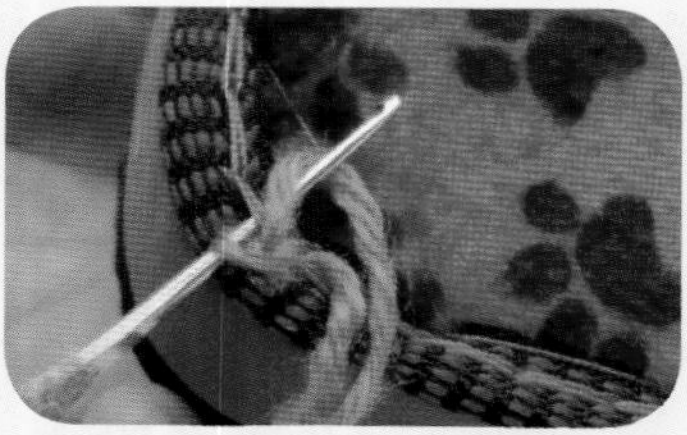

把线绕在钩针上。

钩住线，从打底线中拉出。钩针上此时有 2 个线圈。

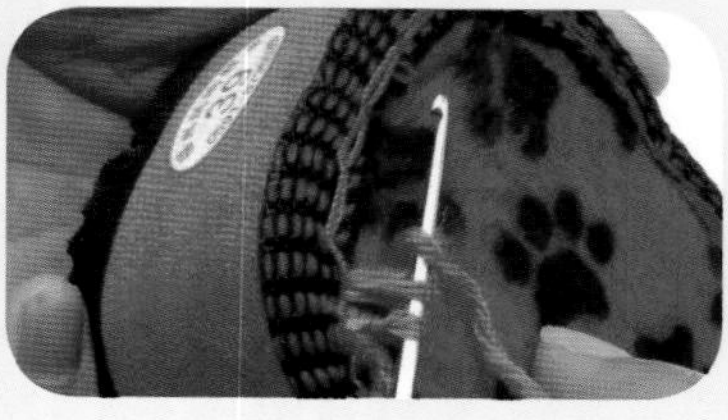

把线绕在钩针上。

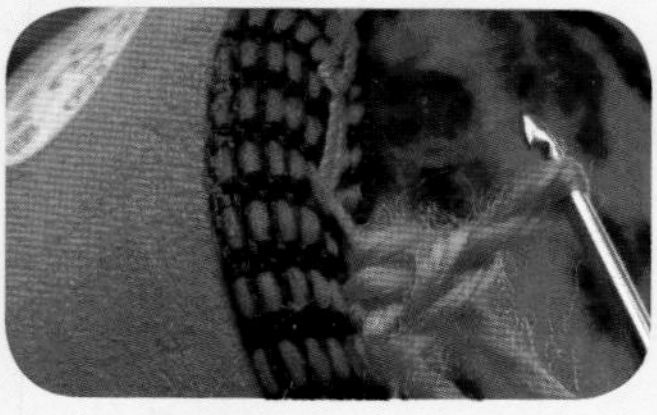

从 2 个线圈中把线拉出来，此时钩针上有 1 个线圈。

继续

继续钩短针，在一节打底线中钩满了，就换到下一节打底线中。在一节打底线中钩的针数与打底线的长短有关，我们这里每节打底线大约需钩 3 次短针。

首尾相接

沿着打底线，以短针一路钩下去，现在基本上钩了一圈了，到了首尾相接处。钩一个短针收尾。

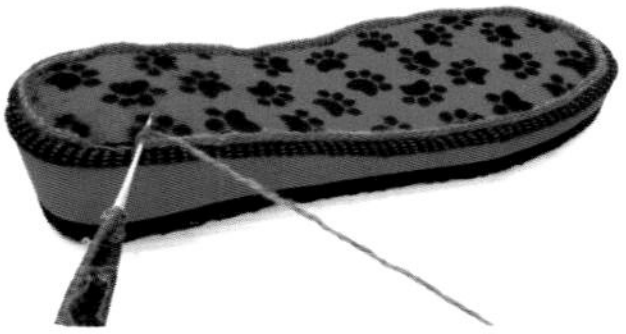

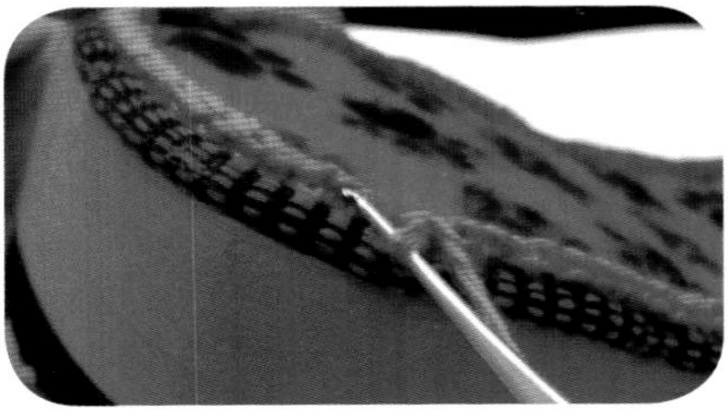

把钩针穿入起针位置的孔隙中。

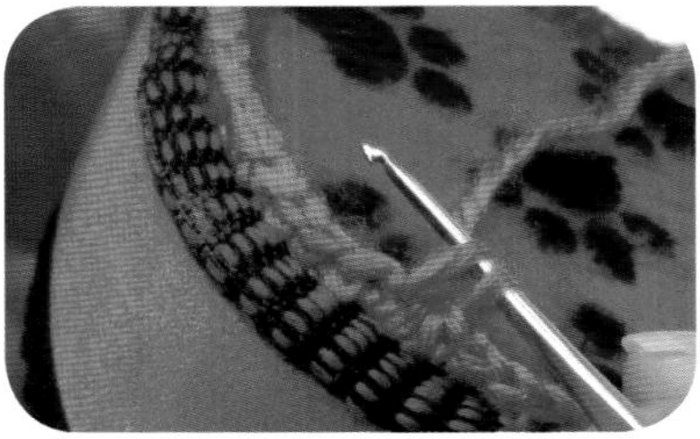

把线绕在钩针上，钩住线，从孔隙中拉出。

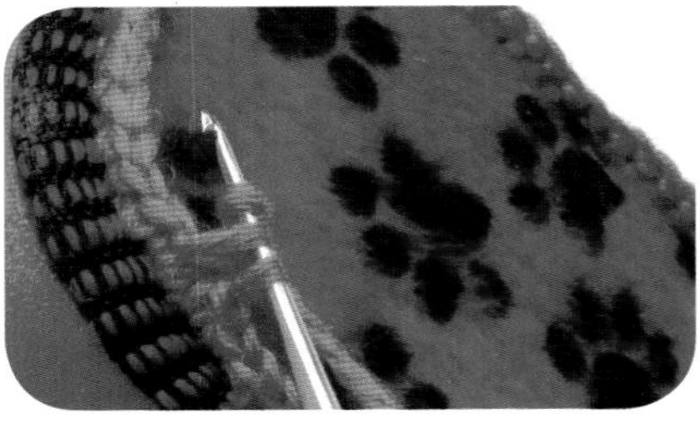

把线绕在钩针上。

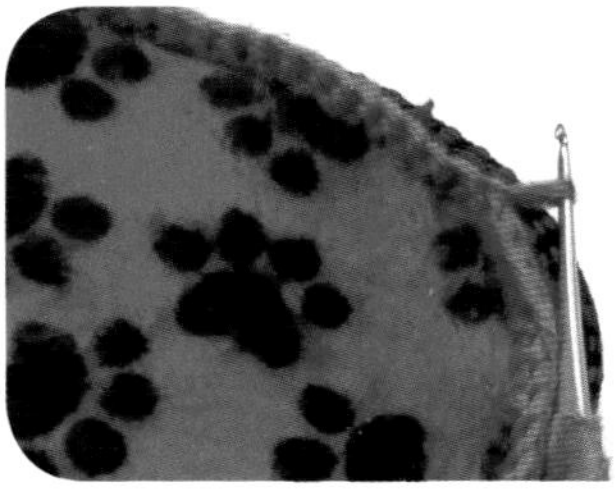

把线从 2 个线圈中拉出来。

到这里，第 1 层地基就钩好了，形状微竖。

从内侧看，各针间都有清晰的孔隙，这些孔隙就是钩第 2 层地基要穿入的地方。

第 2 层地基

第 1 层地基我们是按顺时针方向钩的，第 2 层地基则相反，按逆时针方向钩。如下图所示，还是钩短针。

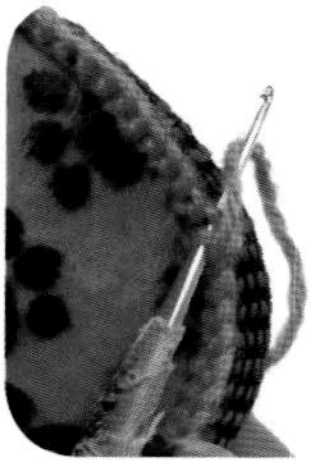
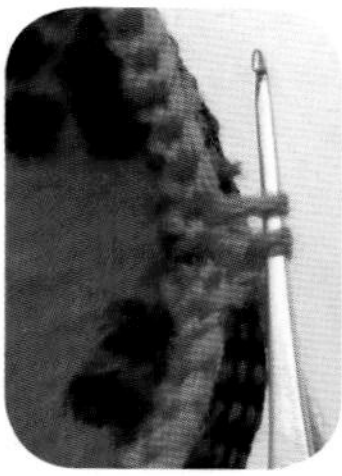
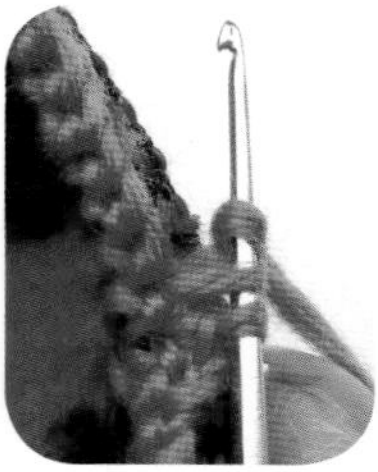

沿着第 1 层地基的孔隙，以短针的针法一路钩下去。

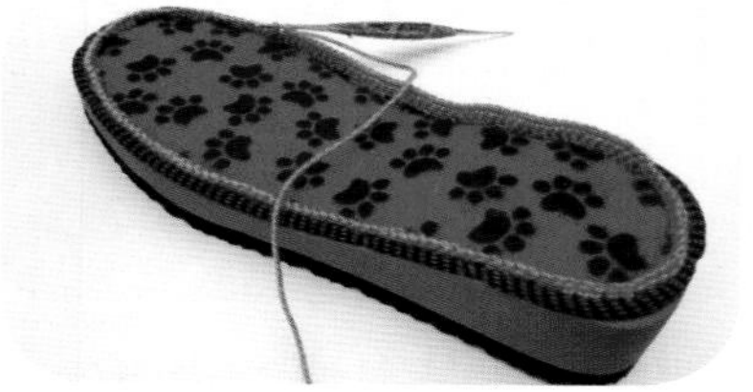

钩到鞋跟处与起点相对的位置即可。将线圈拉长，抽出钩针。

把线剪断。

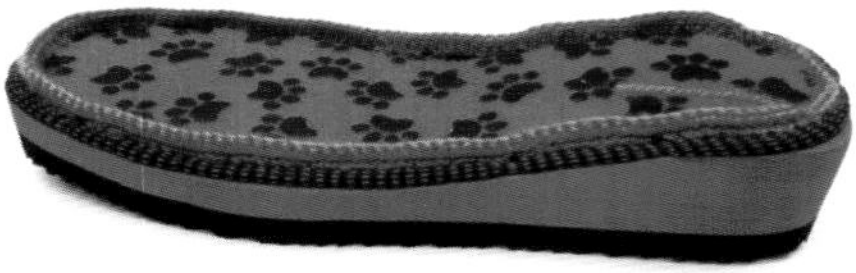

至此第2层地基也完工了，可以看出，第2层不是整圈，鞋跟处的一段没钩。

线头的处理

下面介绍一下如何处理右侧的线头。

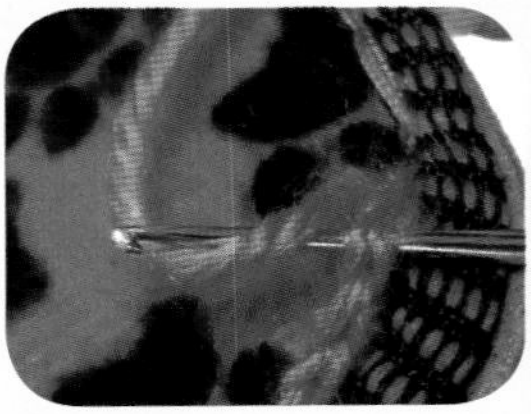

把钩针从外侧穿入孔隙中，钩住线头。

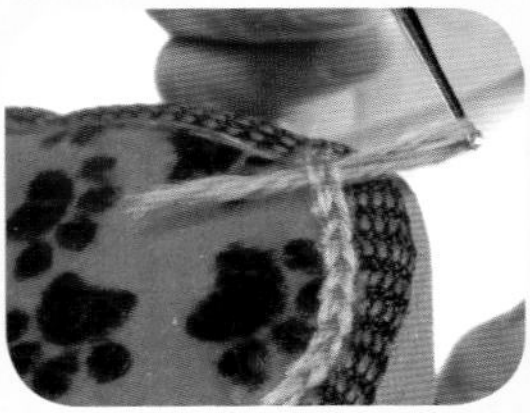

把线从孔隙中拉出来。

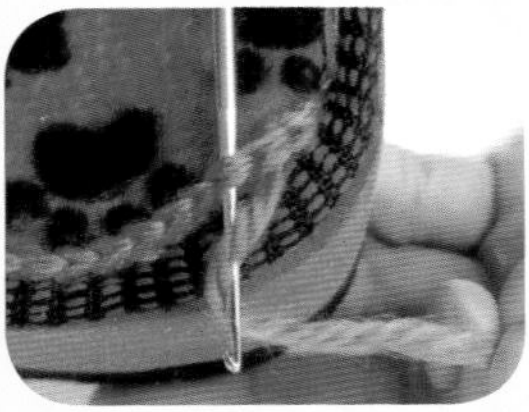

再把钩针从内侧穿入下一个孔隙中，钩住线头。

把线拉进内侧。

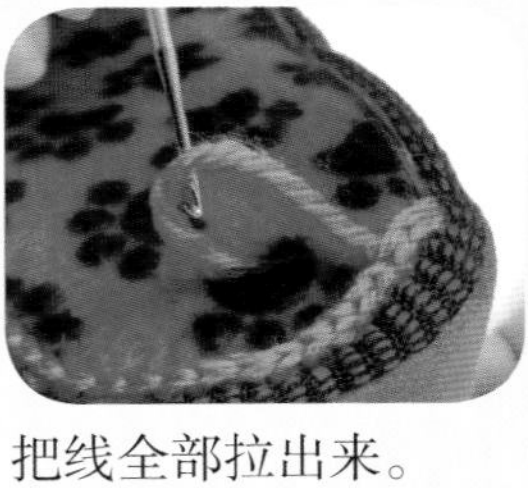

把线全部拉出来。

重复上面的过程，直至将线钩完。

鞋面

地基钩好后，就要开始钩鞋面了。

第 1 排

起针

钩针从鞋头一侧第 2 层地基线的一个孔隙中穿入。线头要留得足够长，长度要比鞋长略长。

把线从孔隙中带出，形成一个线圈。

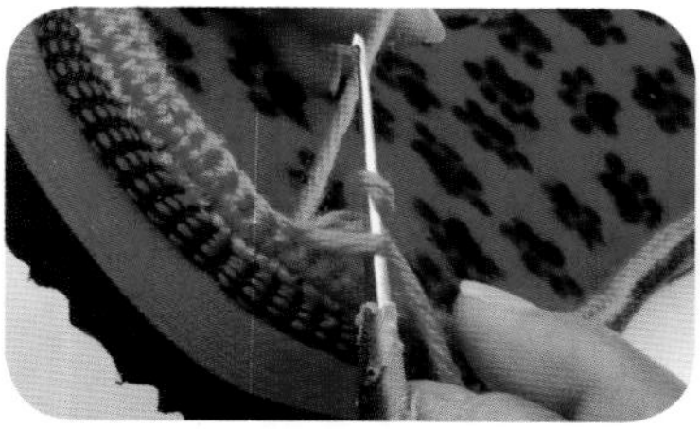

把线绕在钩针上。

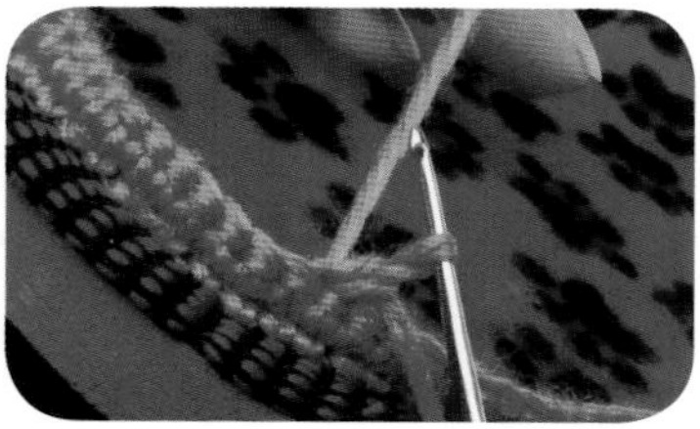

钩住线，从线圈中拉出，并适当拉紧。鞋面第一排的起针就完成了。

继续

接下来钩长针，下面的 8 幅图详细介绍了长针针法。

长针

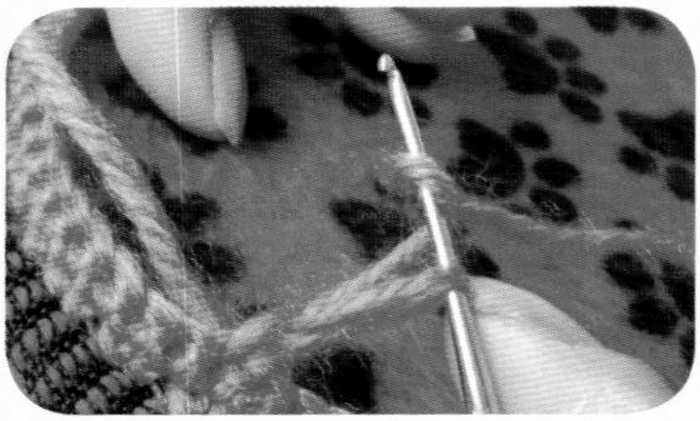

把线绕在钩针上。

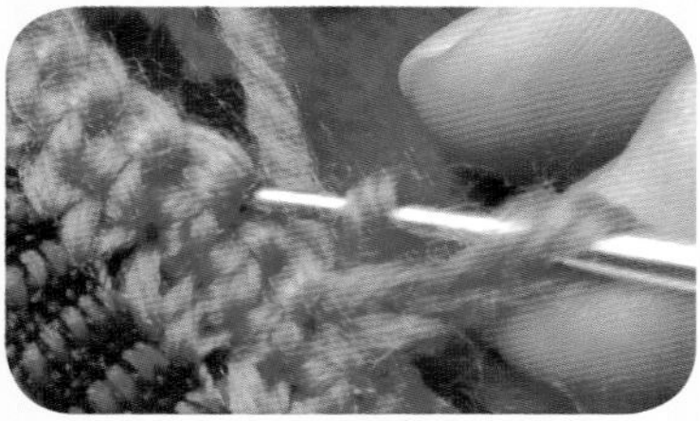

把钩针穿入相隔的孔隙中（即中间空 1 个孔隙）。如果把起针处算作第 1 个孔隙，这里就是第 3 个孔隙。

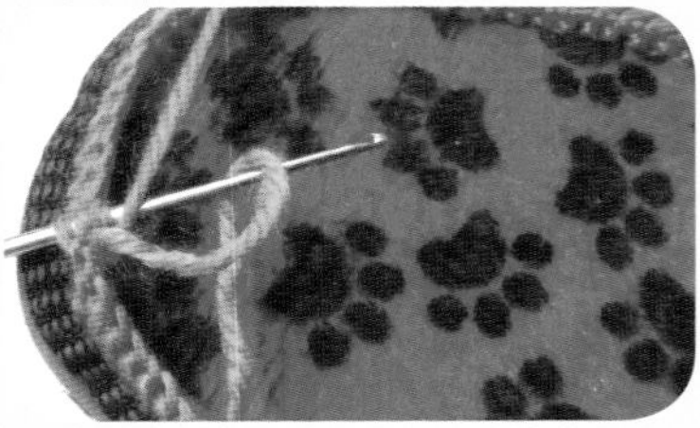

钩针穿过去，把线头放在钩针之上，再把线绕在钩针上。

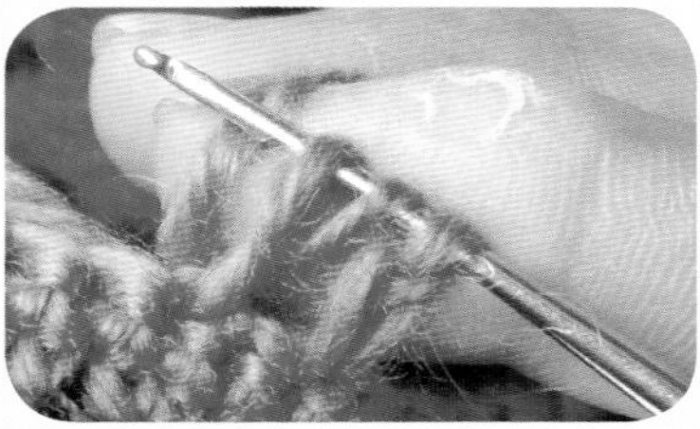

用钩针把线从孔隙中钩出，注意不要把线头线带回，只需钩住绕线，从线头下带出。线头自然地被压在鞋内侧。这时，钩针上有 3 个线圈。

把线绕在钩针上。

钩住线往回带，经过两个线圈拉出（最后一个线圈不穿），适当拉紧。这时钩针上有 2 个线圈。

把线绕在钩针上。

钩住线往回带，穿过两个线圈拉出，适当拉紧。

继续用长针的针法钩。

注意下一针还穿入同一孔隙中，即与起针处相隔的第 3 个孔隙。

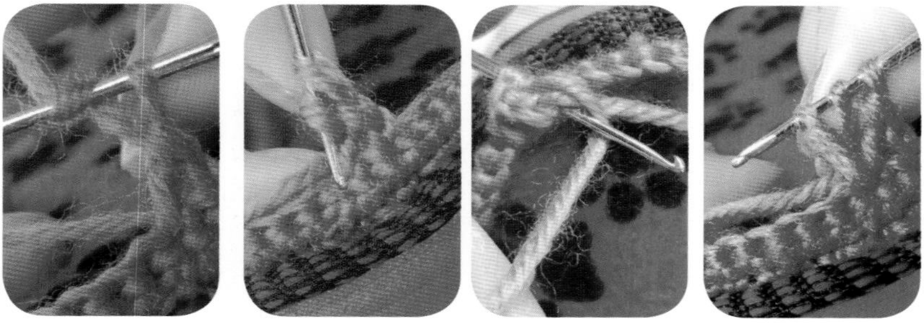

同样的方法，在第 5、第 7、第 9、第 11 个孔隙中各钩 2 个长针，就到了鞋头另一侧与起针对称的位置，该收针了。

收针

此时钩针上处于一个线圈的状态，直接将钩针穿入相隔的孔隙中。

把线头搭在钩针上，再把线绕在钩针上。

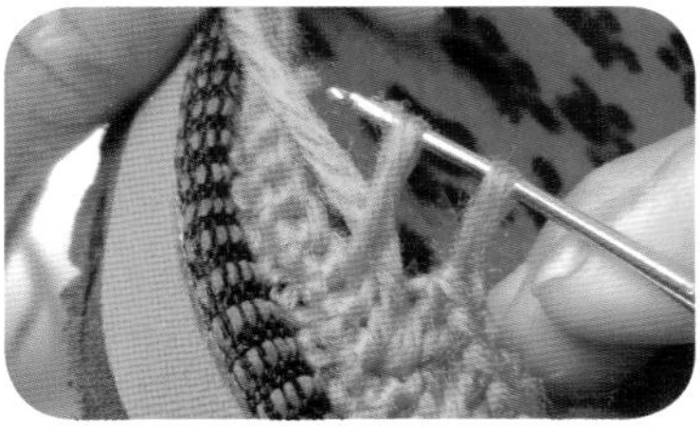

将钩针钩住绕线，从线头线下拉出孔隙，形成 2 个线圈。

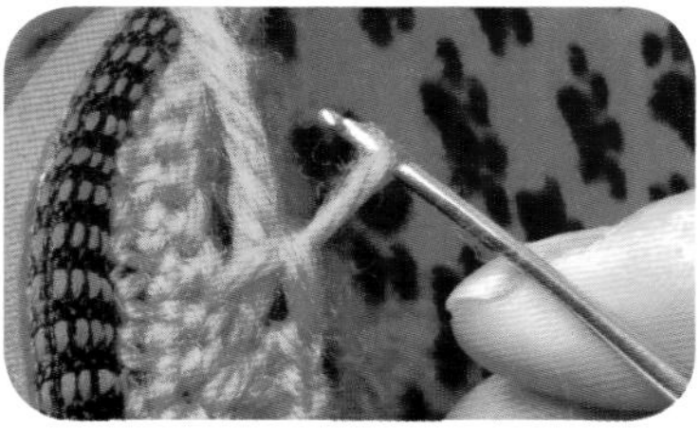

钩住前一个线圈，穿过后一个线圈，最终形成一个线圈。

将钩针钩住线头线，穿过线圈拉长，取下钩针。

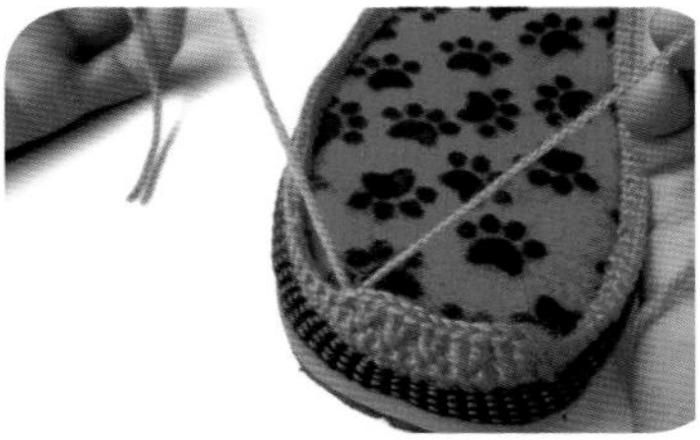

将线拉紧，不要剪断。

到这里，鞋面的第 1 排就钩好了。

总结一下，钩第 1 排时，钩针穿过的是第 2 层地基的孔隙，在这里我们一共穿过了 7 个孔隙：其中第 1 针起针和最后 1 针收针各占 1 个孔隙，钩针在其中各穿了 1 次；在其余的 5 个孔隙中，钩针各穿了 2 次。

穿过了 7 个孔隙，我们称为钩了 7 针，起针是第 1 针，收针是第 7 针。

第 1 针和第 7 针各钩 1 个短针，其余 5 针是各钩 2 个长针。

第 1 排的针数不一定局限于 7 针，可多可少。

针数少会显得鞋头尖，针数多显得鞋头宽。可根据实际需要确定。

第 2 排

起针

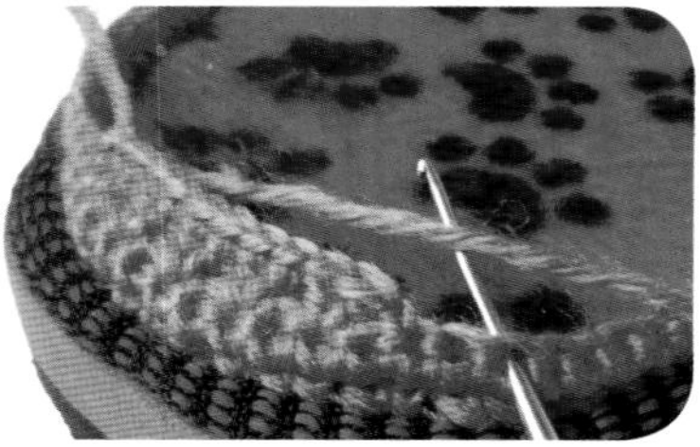

把线拉回到右侧。与第 1 排一样，钩针也是从第 2 层地基的孔隙中穿入，穿针的位置在第 1 排起针孔隙的右侧，相隔 1 个孔隙。

把线从孔隙内带出，形成一个线圈。

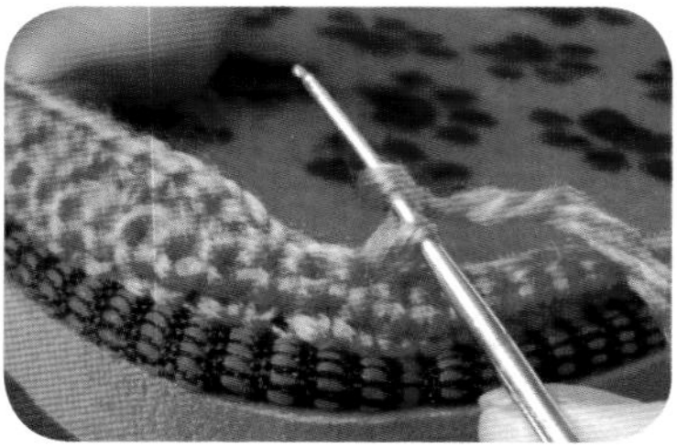

把线绕在钩针上。

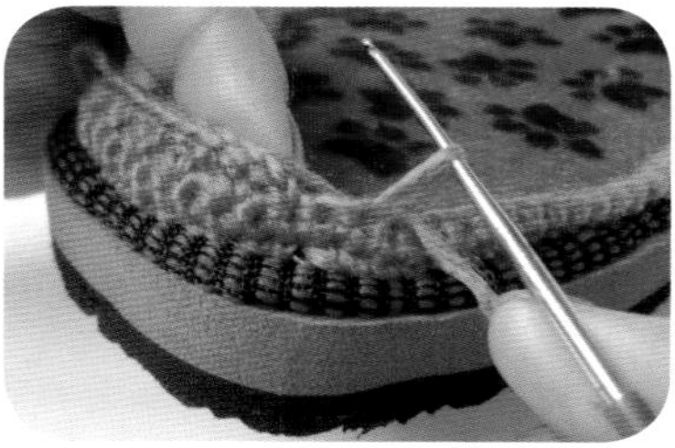

把线从线圈内带出，适当拉紧，第 2 排的起针就完成了。

继续

接下来钩长针。

如下页图所示，把线绕在钩针上。将钩针隔 2 个孔隙穿入第 2 层地基的孔隙中，这个孔隙与第 1 排第 1 针的孔隙相邻，位于其左侧。先在这个孔隙中钩 1 个长针。

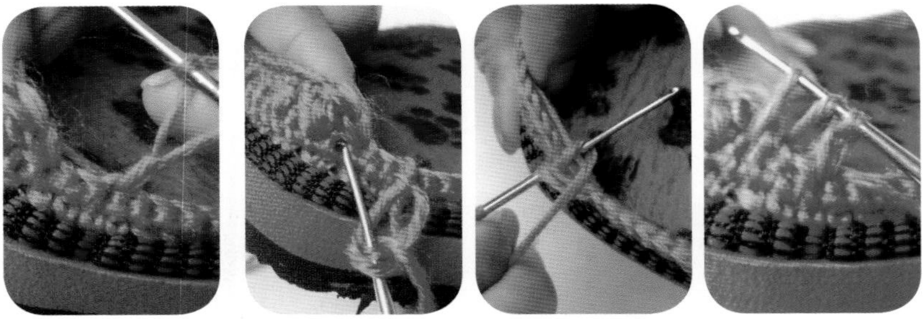

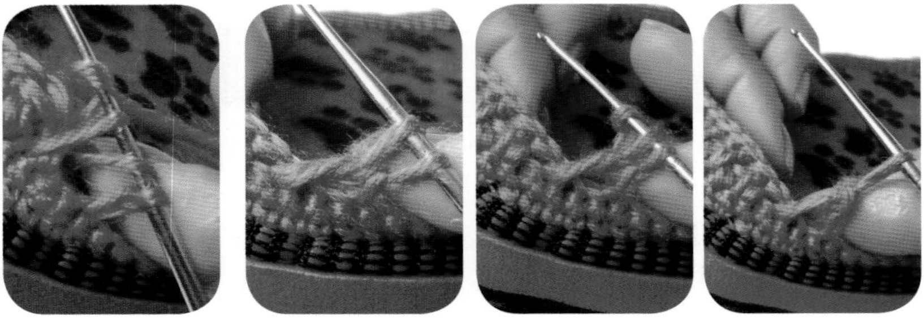

同第 1 排一样，在这个孔隙中再钩 1 次长针，转入相隔的孔隙中，在其中钩 2 次长针，再转入下一个相隔的孔隙中。如此这般直到在第 1 排收针孔隙右侧相邻的孔隙中钩完，就该收针了。注意拉回右侧的那段线要压在内侧。

收针

收针时把钩针穿入隔 2 个的孔隙中，针法与第 1 排一样。

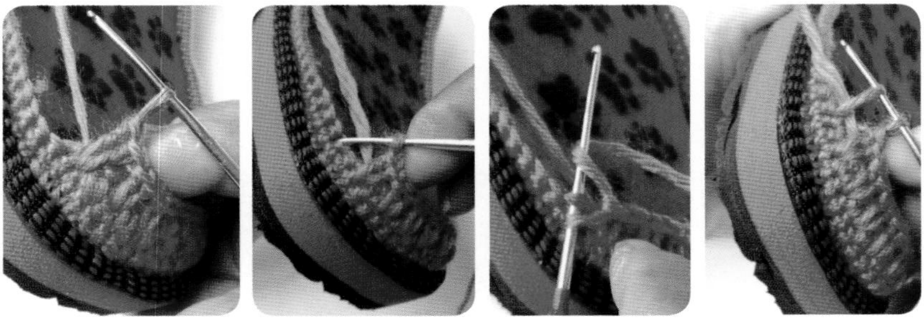

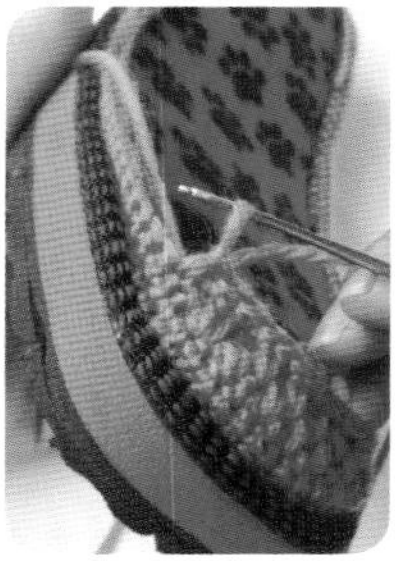
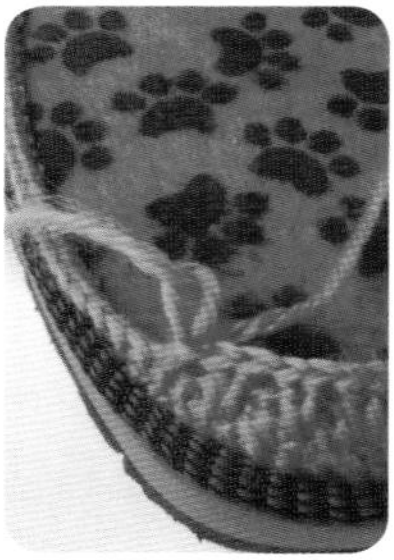

第 3 排

起针

把线拉回到右边，把钩针穿入孔隙，该孔隙位于第 2 层地基上，在第 2 排起针穿入孔隙的右侧，隔 1 个孔隙。起针的方法和前两排相同。

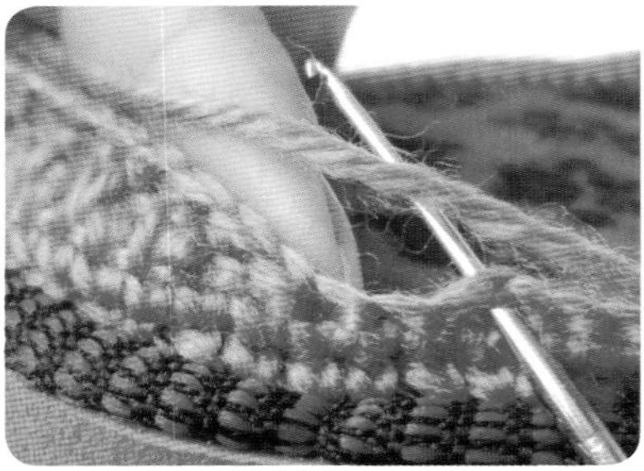

继续

起针完成后，同第 2 排一样，把钩针穿入左侧隔 2 个孔隙的孔隙中，这个孔隙位于第 2 层地基上，在其中钩 2 个长针。

再往下，左侧的第 2 层地基的孔隙在钩第 1 排和第 2 排时已分别穿过，所以接下来穿入的孔隙不是位于第 2 层地基上，而是第 1 排形成的孔隙。

把线绕在钩针上，穿入第 1 排第 2 针的 2 个长针形成的孔隙中，钩 2 个长针。

接下来再穿入第 1 排第 3 针的 2 个长针形成的孔隙中，钩 2 个长针。

这样一直钩完第 7 针。

第 8 针穿入的孔隙又回到第 2 层地基上，位于第 2 排最后 1 针穿入孔隙的右侧，相邻的孔隙，在其中钩 2 个长针。

第 9 针是收针，只钩 1 个短针。穿入的孔隙位于第 2 层地基上，在第 2 排最后 1 针穿入孔隙的左侧，相隔 1 个孔隙。

第 4 排

第 4 排的钩法与第 3 排基本相同，前两针与后两针穿入的孔隙位于第 2 层地基上。中间 8 针穿入的孔隙是第 2 排的长针形成的。

第 4 排之后

同样，第 5 排、第 6 排的前两针与后两针穿入的孔隙位于第 2 层地基上。中间几针穿入的孔隙分别是第 3 排、第 4 排的长针形成的。

按这种方法往下钩，每一排都比前一排增加 1 针。

遇到钩图案时，换上相应颜色的线即可。

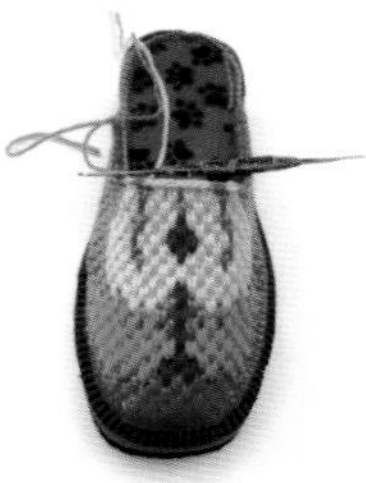

收尾

对这款 38 码的鞋来说，鞋面钩到 28 排左右就可以收尾了。若是 40 码的鞋，需钩到 30 排。

鞋面钩多少排不是绝对的，可根据需要来定。多则鞋面长，少则鞋面短。

收尾时先把线头埋在鞋面内侧。如上图所示。

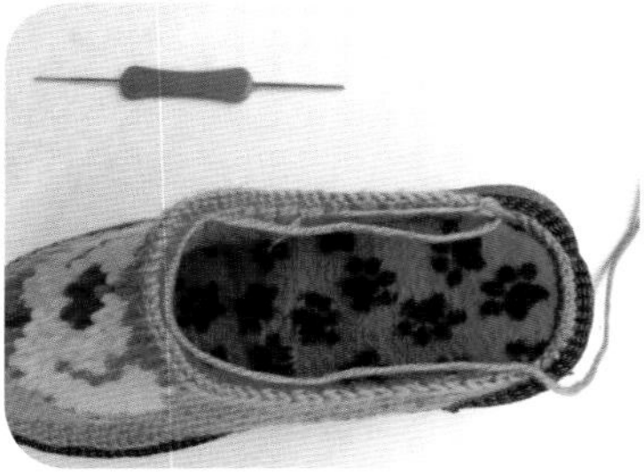

把线沿鞋口绕到鞋跟的另一端。

把钩针从外侧穿入地基孔隙中。

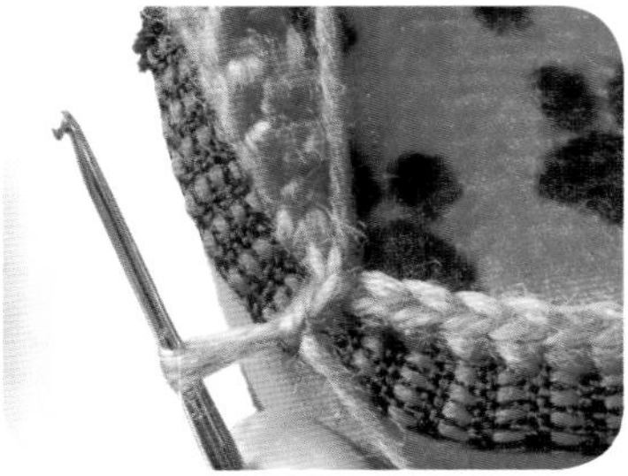

钩一个短针。

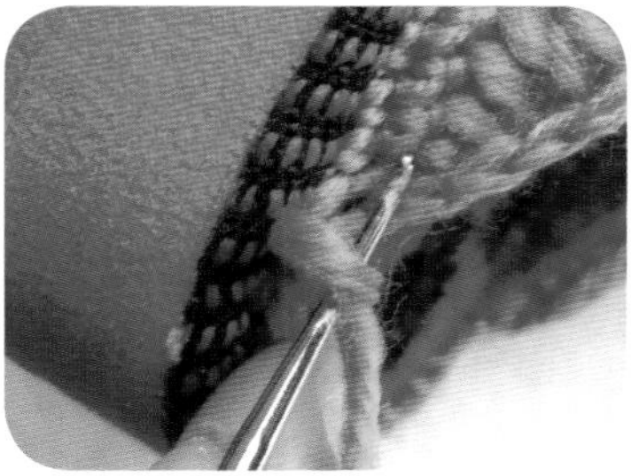

钩针再从外侧穿入鞋口处的孔隙中。

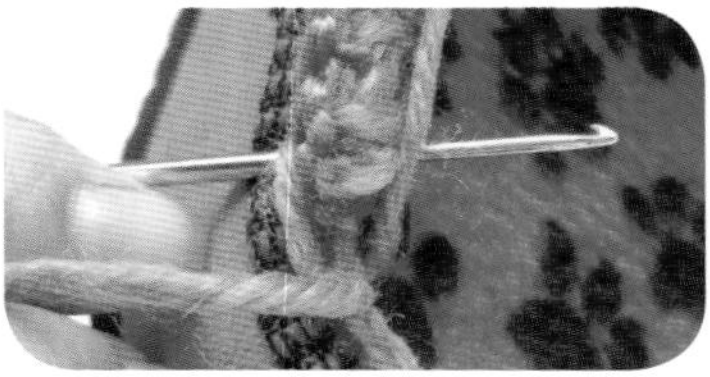

把从内侧绕过来的那段线放在钩针上。

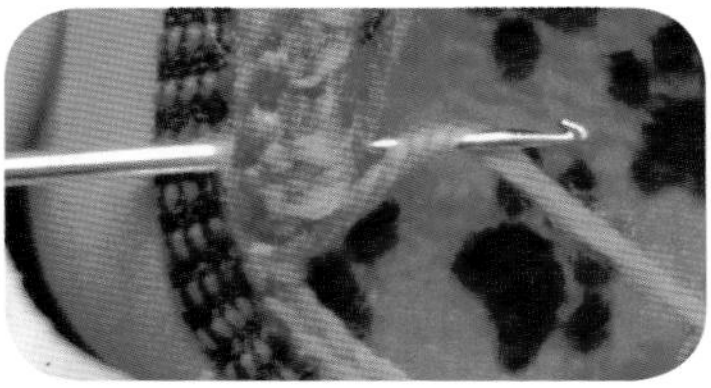

把线绕在钩针上。

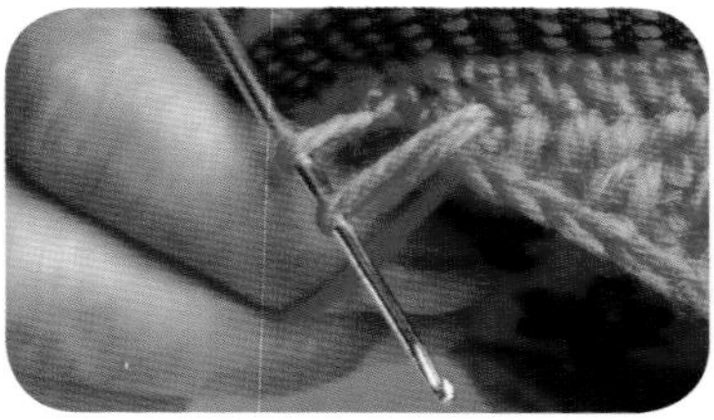

把绕线从孔隙中拉出，形成 2 个线圈。

把钩针转 1 圈，使 2 个线圈扭在一起。

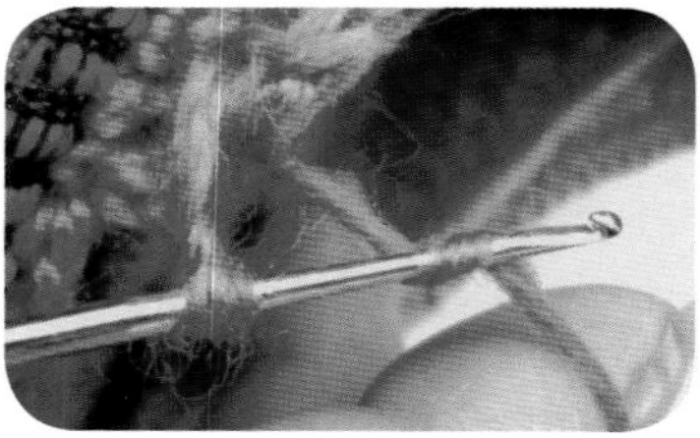

把线绕在钩针上。

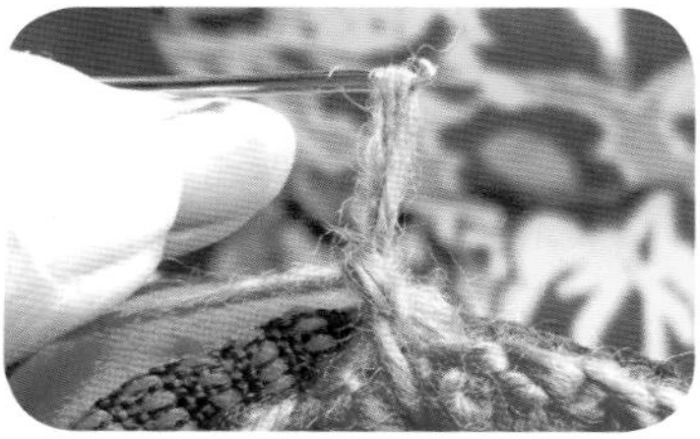

从扭在一起的线圈中钩出即可。

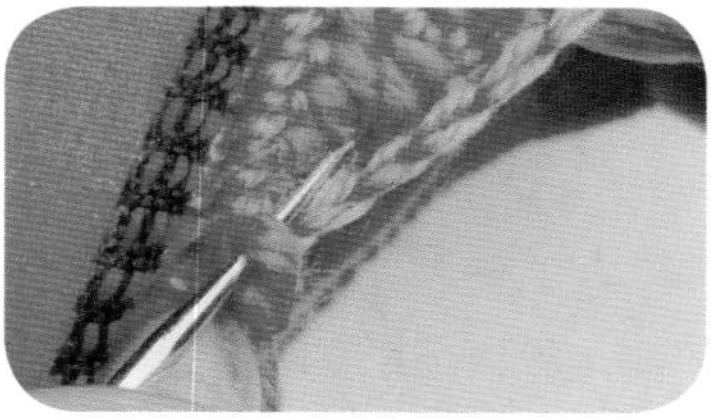

把钩针穿入隔一个的孔隙中，重复上面的 6 个步骤。

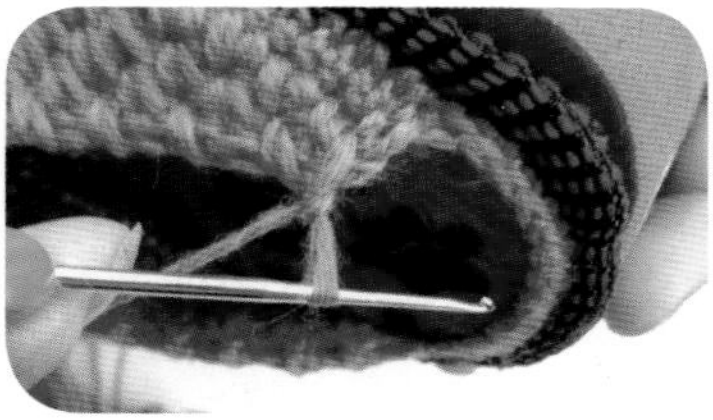

沿着鞋口一路钩下去，直到鞋跟相应的位置。

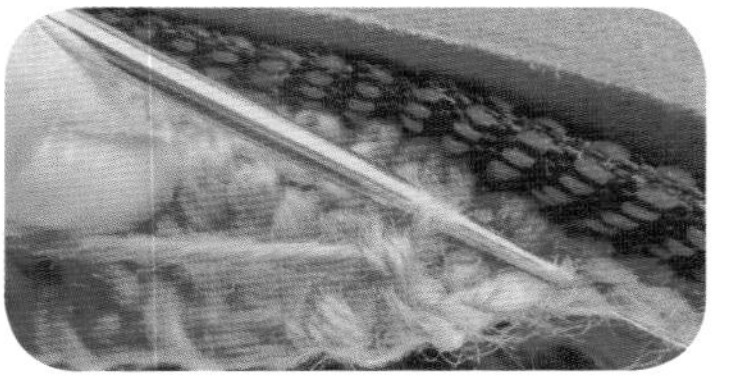

最后 1 针穿入的孔隙位于第 2 层地基上。

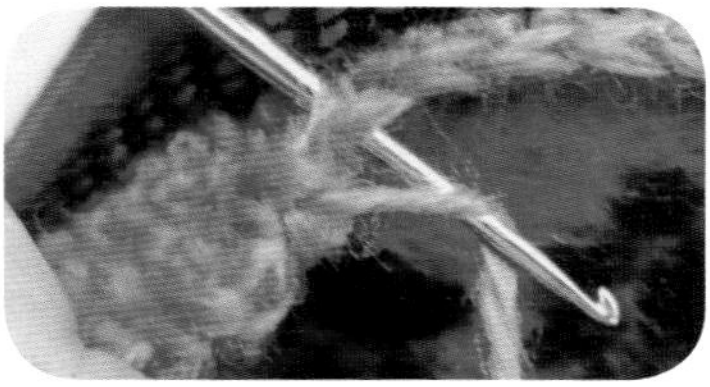

把线绕在钩针上。

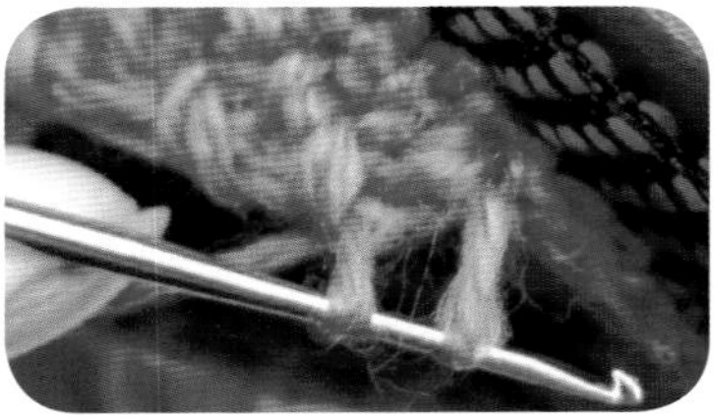

把绕线从孔隙中钩出。

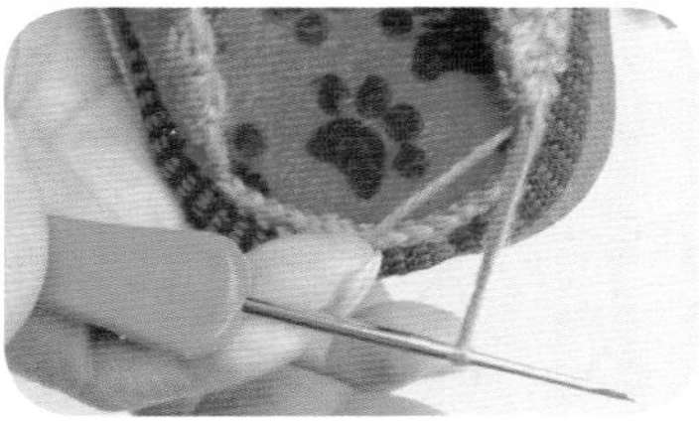

再从后 1 个线圈中钩出即可。

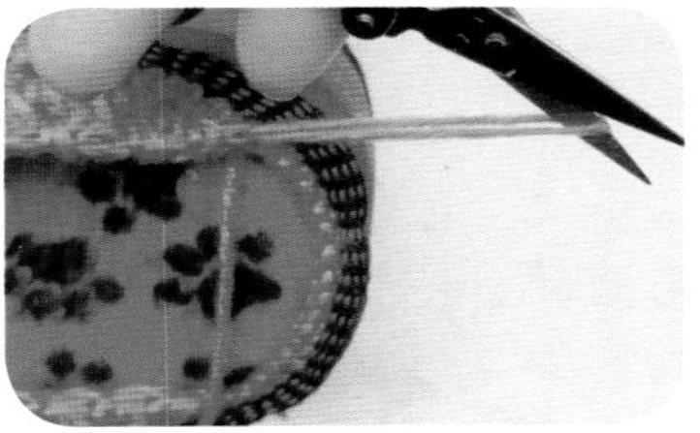

把线留出几厘米的长度，剪断

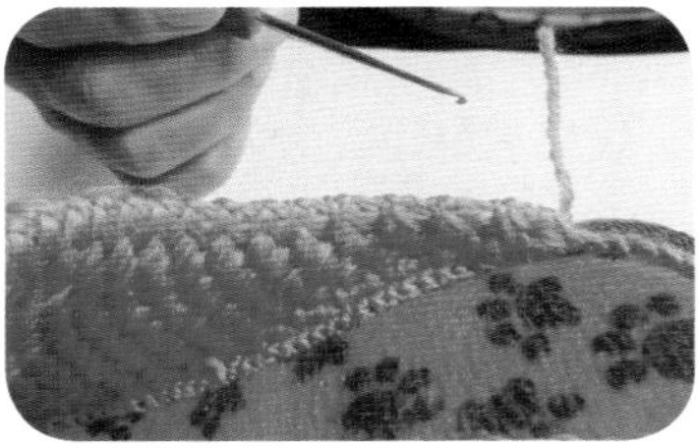

形成一个线头，下面把线头埋起来就行了。

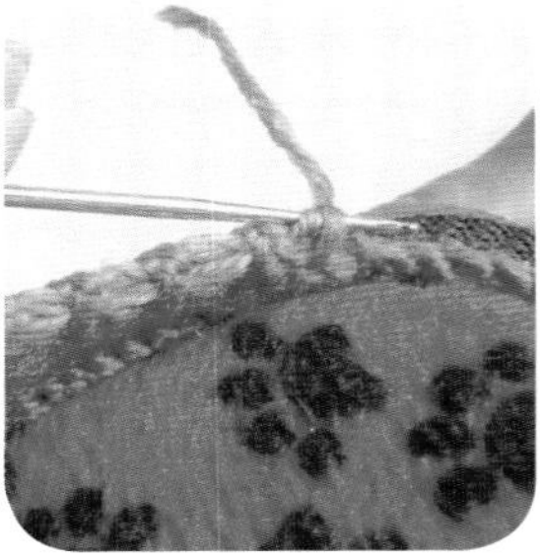

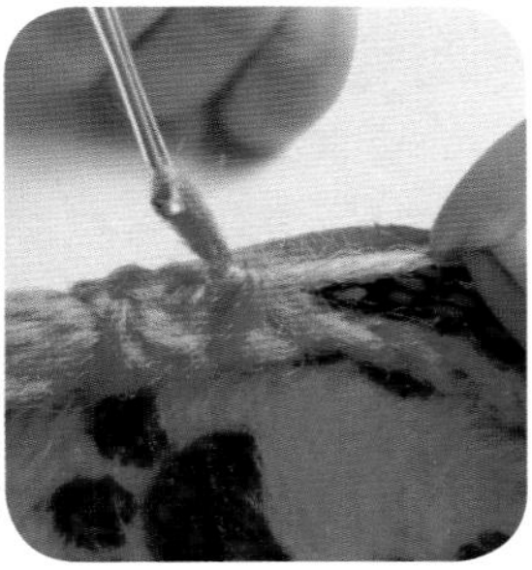

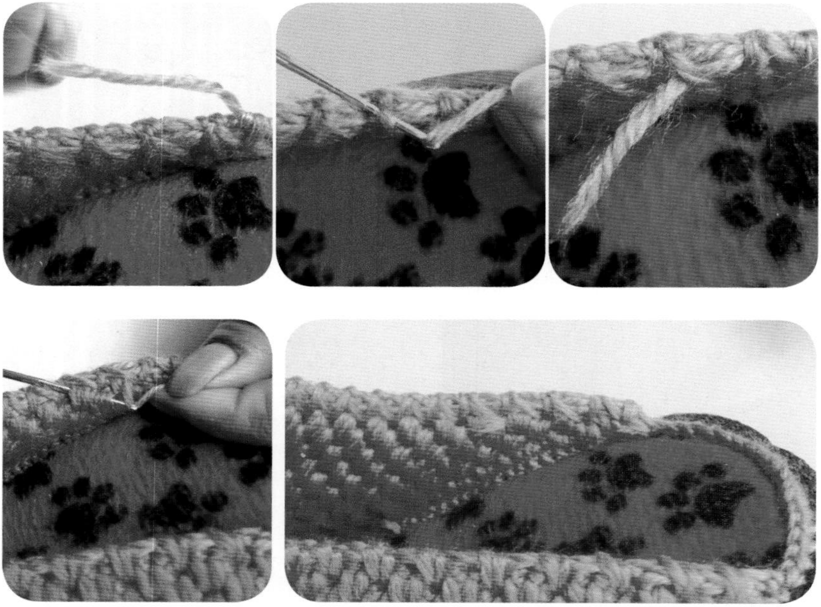

看，线头埋好了，天衣无缝了吧。

好了，到这里，钩鞋的基本方法就介绍完了，相信你应该能比葫芦画瓢了吧。

钩鞋的方法有很多种，我们这里介绍的是比较繁琐的钩制方法。之所以选择这种方法，是因为这样钩出来的鞋比较紧实，穿起来不会因为毛线的弹性而使鞋显得拖沓，这样不易磨损毛线，而且穿起来比较保暖舒适。

。

钩鞋图案与图谱

鞋面上可以根据喜好钩出各种图案。

图案是通过不同颜色的线来表现的。

我们在书中介绍了 100 种图案的图谱，并附有实物效果图片。

图谱中用不同的符号来代表不同的颜色。可参考实物效果图片配色。

大多图谱都配有不止一种实物效果图片，有的是配色不同，有的在图案上会有小的变动。

同一个图案，不同的鞋码要从不同的排开始钩。

根据图谱中的“建议”，可以推算出从第几排开始换色、钩图案。

例如“7 针起花”，“7”表示除了起针和收针，中间穿过的孔隙数，也就是中间钩了多少对长针。

如果是 38 码的鞋，鞋面第 1 排除去起针和收针，中间钩了 5 对长针；第 2 排钩了 6 对长针；第 3 排钩了 7 对长针，那么，根据建议，我们应该从第 3 排开始换线钩图案。

对于 40 码的鞋，鞋面第 1 排除去起针和收针，中间钩了 6 对长针；第 2 排就应钩 7 对长针，那么，根据建议，我们应该从这排开始换线钩图案。

有些图案图谱中的“建议”是“无”，这些图案一般比较小，对开始的位置要求不高。如果图案比较大，最好按建议来起花，以免开始晚了，图案不能完成就该收尾了。

图案

傲立枝头

图谱见第 58 页

双喜成心

图谱见第 86 页

雏鸟展翅

图谱见第 58 页

戴帽鸭

图谱见第 59 页

展翅欲飞

图谱见第 59 页

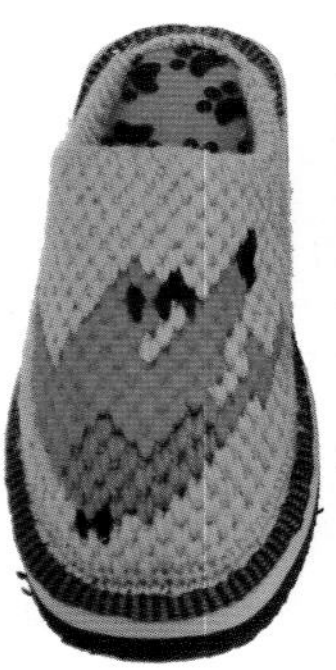

花公鸡

图谱见第 60 页

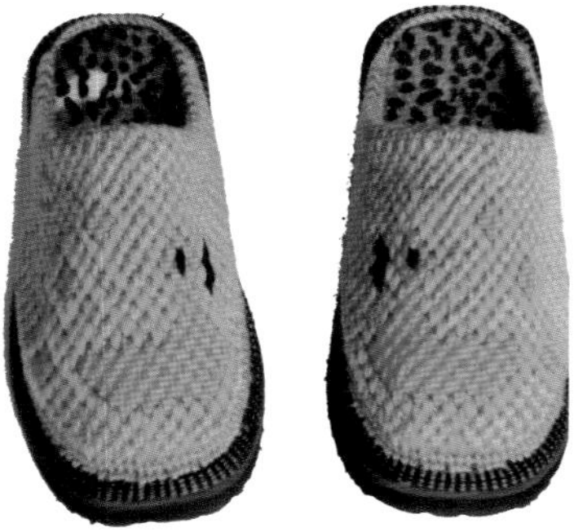

花冠孔雀

图谱见第 60 页

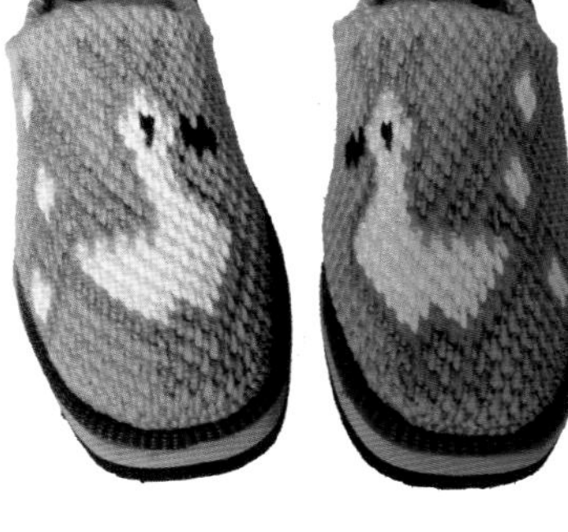

花间杜鹃

图谱见第 61 页

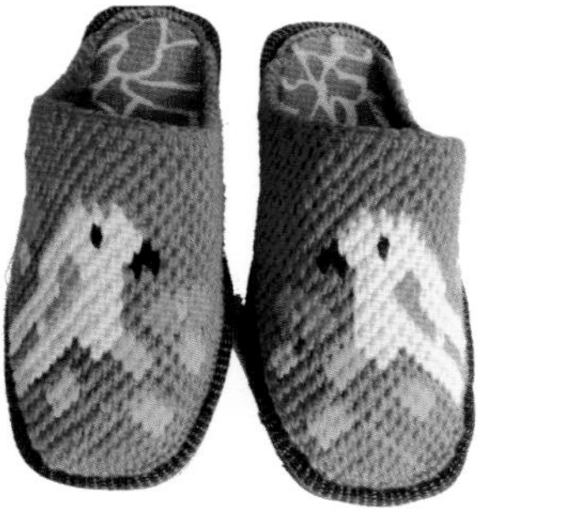

花鸟交映

图谱见第 62 页

花鹊一枝

图谱见第 62 页

花间鹦鹉

图谱见第 61 页

花前枝下

图谱见第 64 页

花枝鹦鹉

图谱见第 63 页

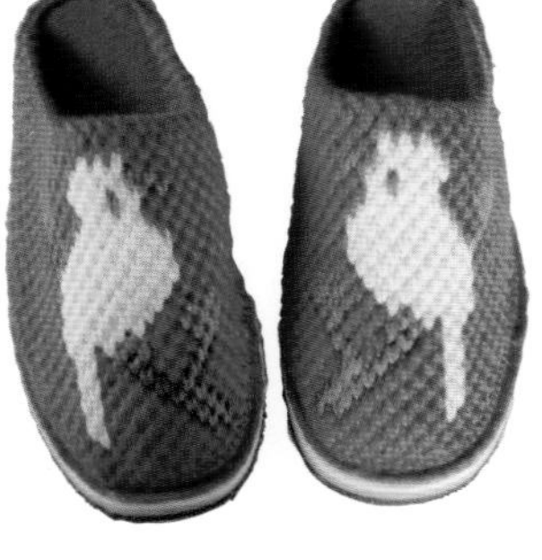

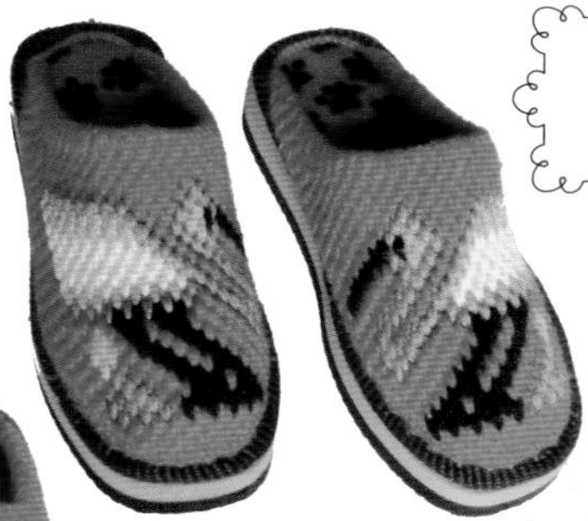

花鹭鸶

图谱见第 63 页

情侣鱼

图谱见第 107 页

草上鸟鸣

图谱见第 64 页

花枝飞鸭

图谱见第 66 页

鸡

图谱见第 65 页

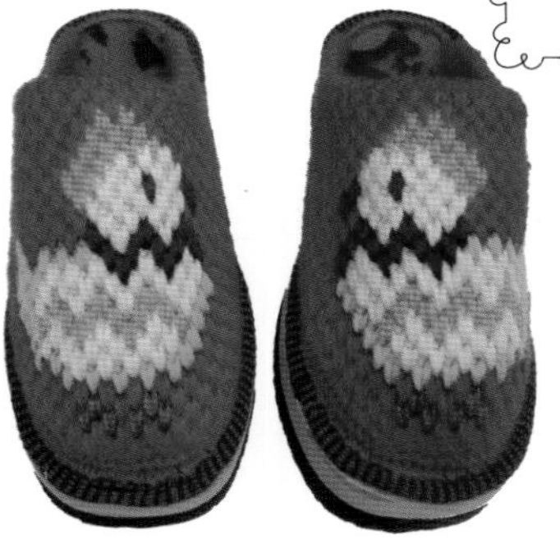

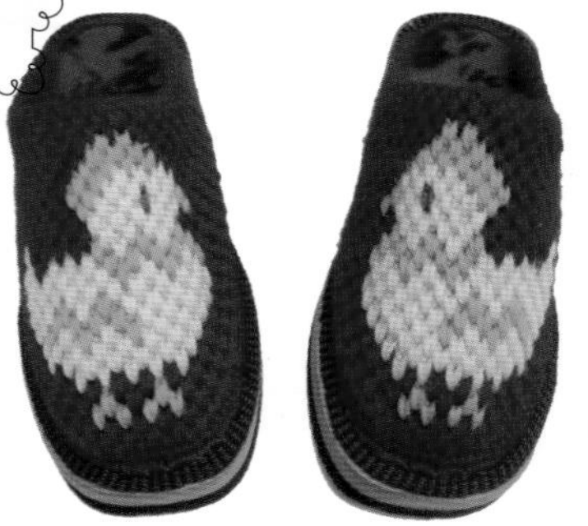

枝头闹鸣

图谱见第 66 页

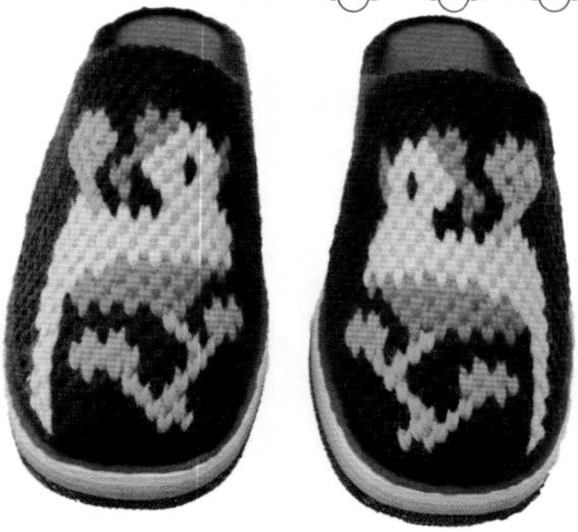

彩鱼

图谱见第 106 页

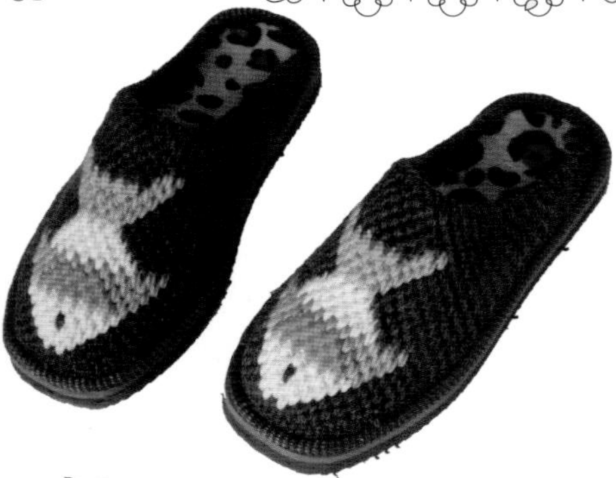

母鸡

图谱见第 65 页

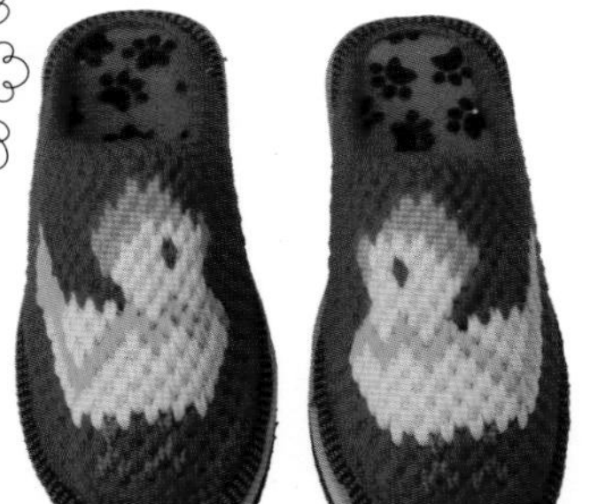

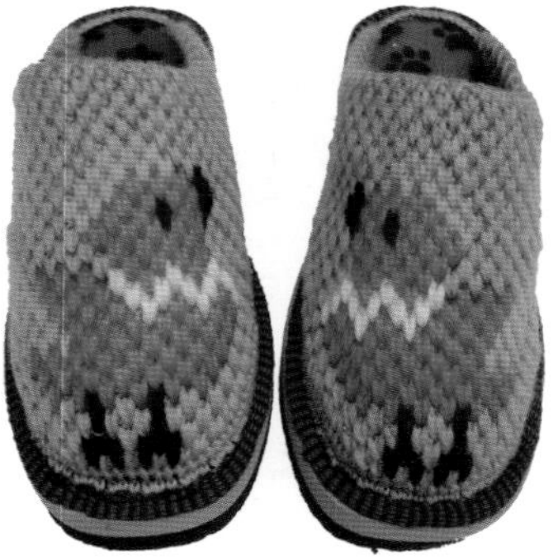

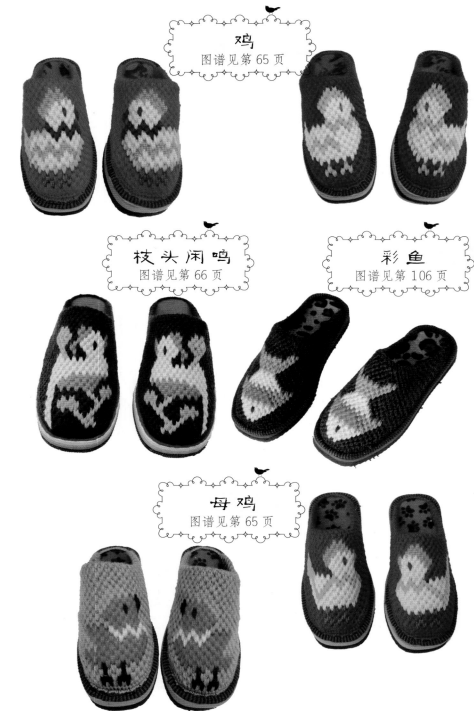

啄木鸟

图谱见第 67 页

龟背鸭

图谱见第 67 页

迷你熊

图谱见第 68 页

长耳兔

图谱见第 68 页

三鱼游

图谱见第 107 页

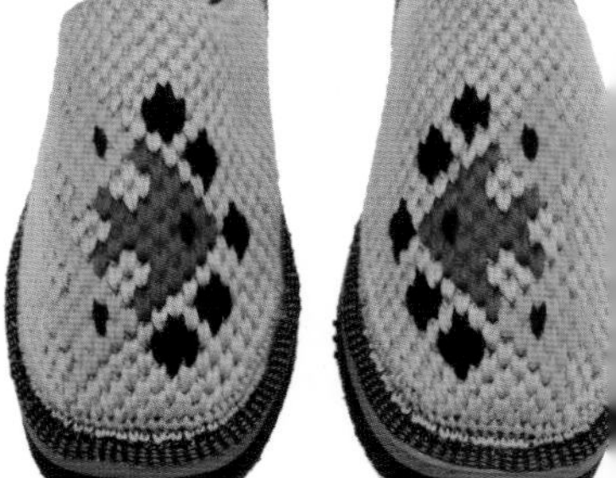

海豹戏球

图谱见第 69 页

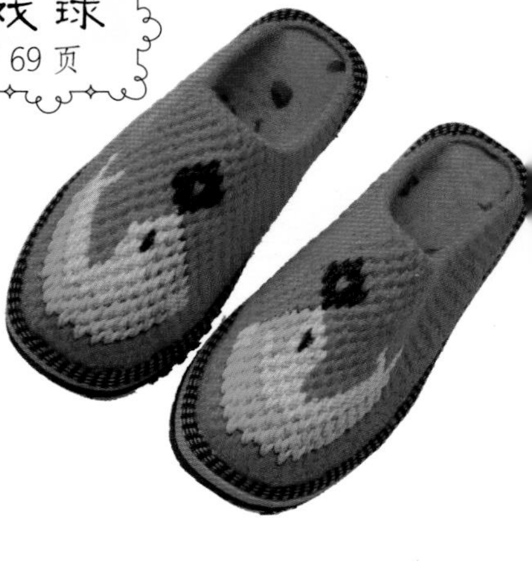

黄鼠狼

图谱见第 70 页

藏尾龙

图谱见第 69 页

小骆驼

图谱见第 73 页

海豹表演

图谱见第 70 页

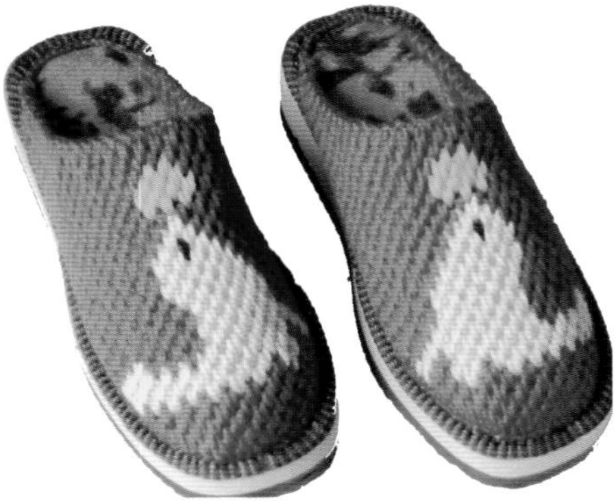

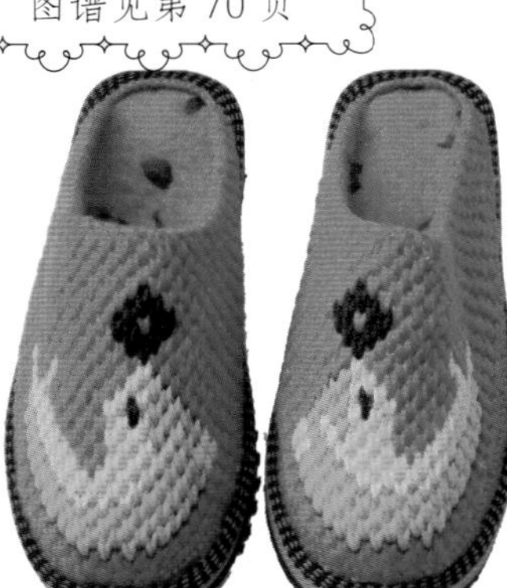

山羊

图谱见第 71 页

小马

图谱见第 71 页

贵妇犬

图谱见第 72 页

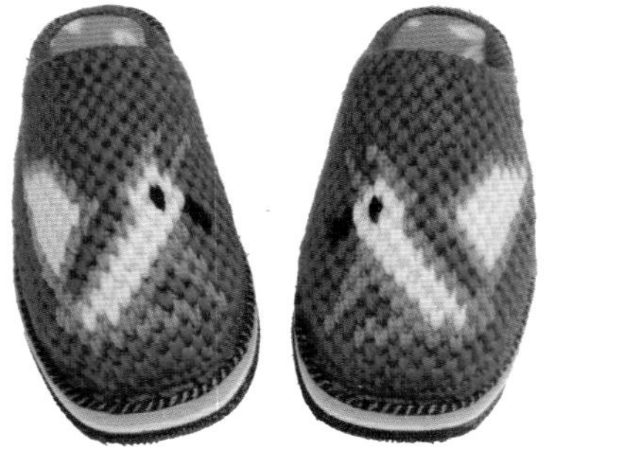

松鼠

图谱见第 72 页

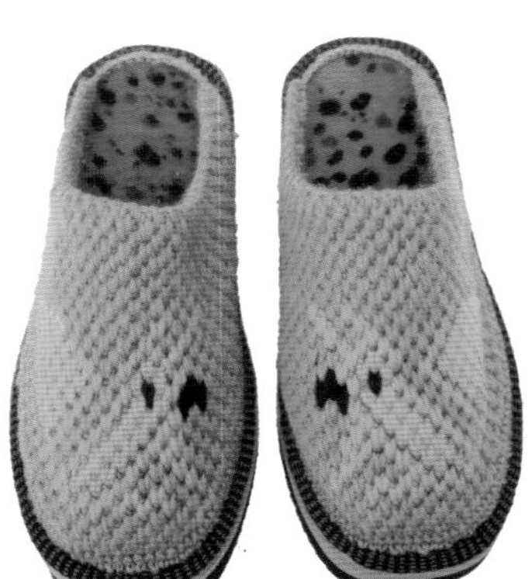

大骆驼

图谱见第 73 页

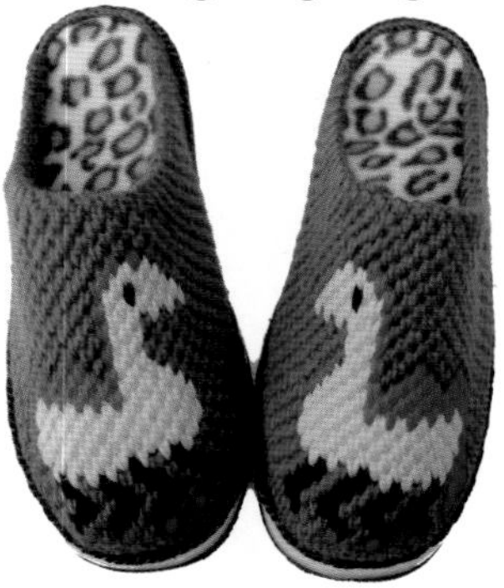

小梅花鹿

图谱见第 74 页

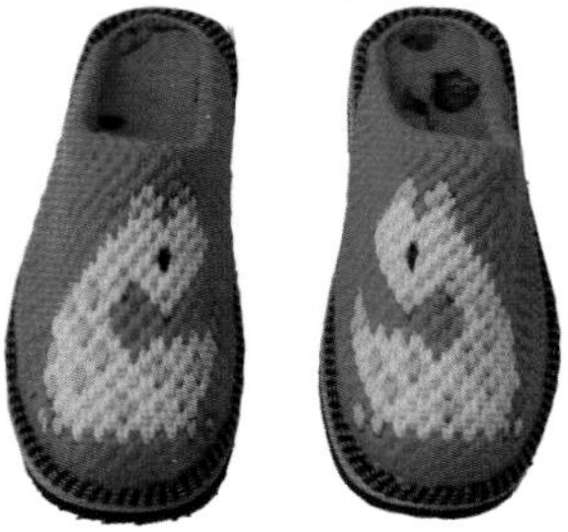

小哈巴狗

图谱见第 74 页

熊猫

图谱见第 75 页

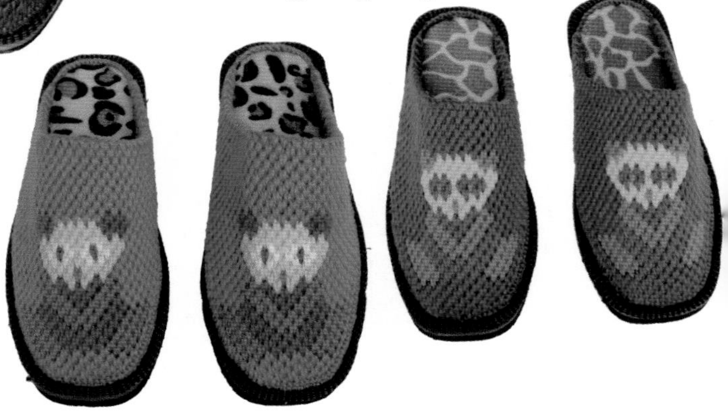

猫咪

图谱见第 75 页

菜花蝶

图谱见第 76 页

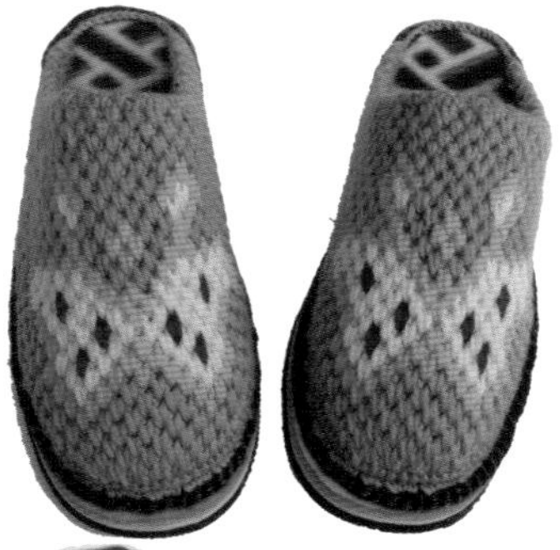

迷你小蝶

图谱见第 76 页

花眼蝶

图谱见第 77 页

凤尾蝶

图谱见第 77 页

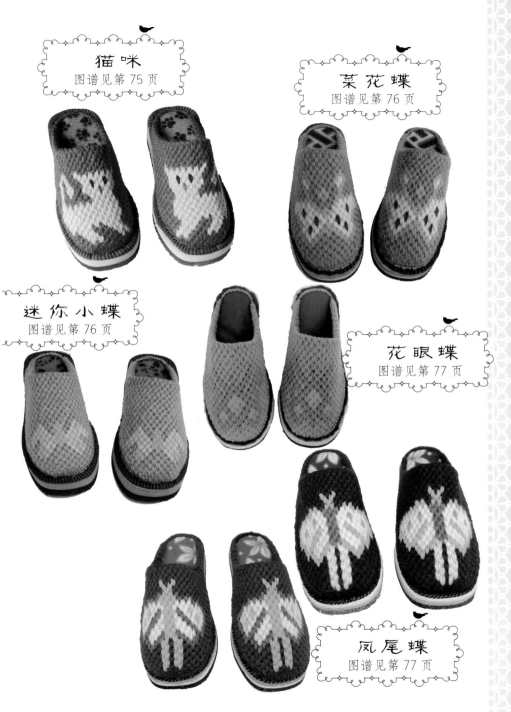

环蛱蝶
图谱见第 78 页

小蜻蜓
图谱见第 79 页

小飞蛾
图谱见第 79 页

花粉蝶
图谱见第 78 页

满天星 1

图谱见第 80 页

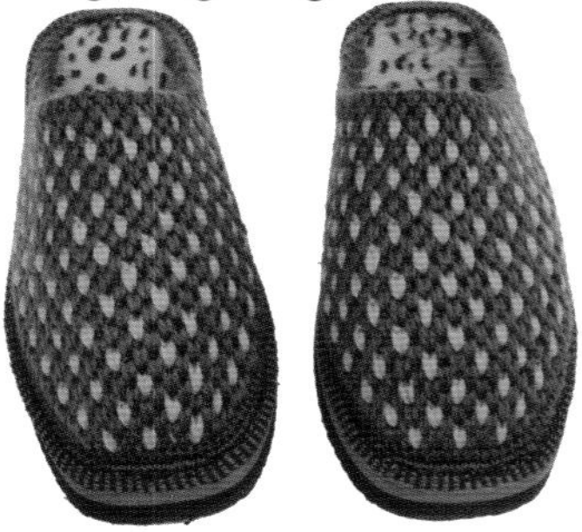

满天星 2

图谱见第 80 页

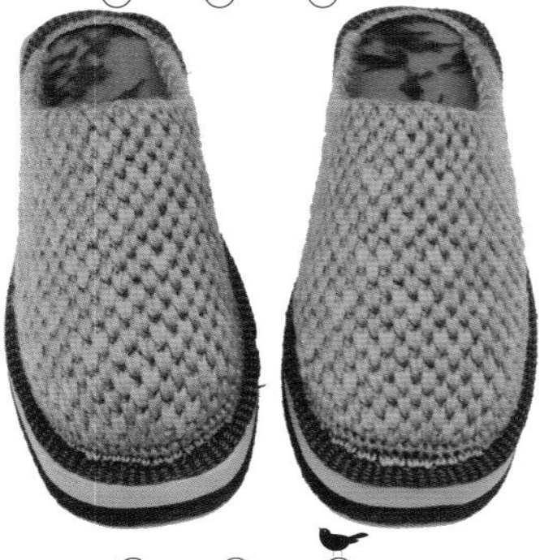

满天星 3

图谱见第 80 页

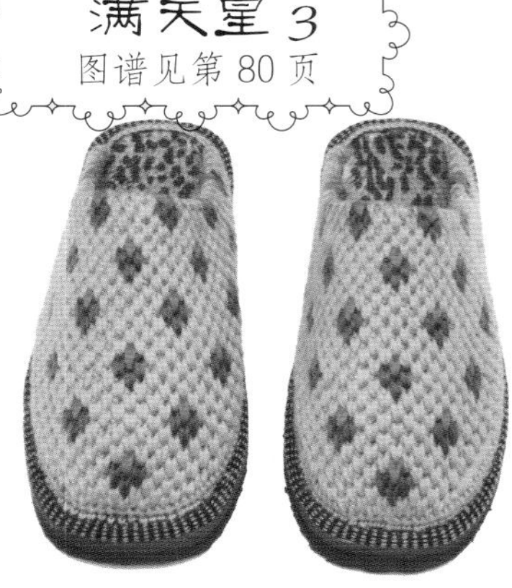

满地方 1

图谱见第 81 页

满地方 2

图谱见第 81 页

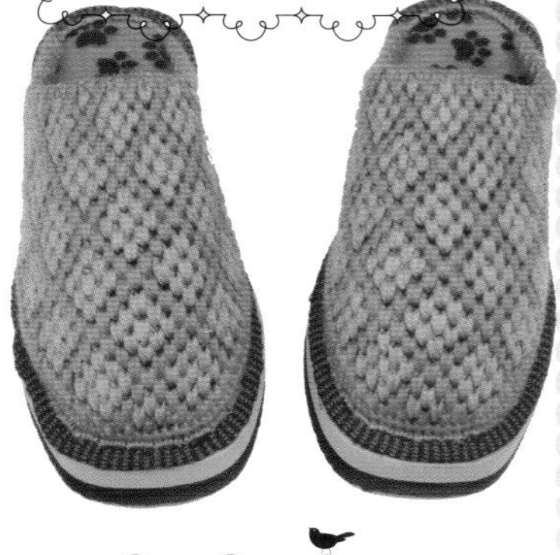

满地方 3

图谱见第 81 页

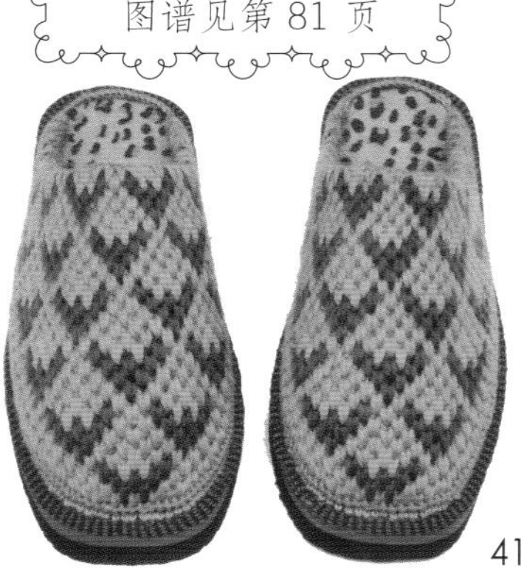

双喜

图谱见第 82 页

福

图谱见第 82 页

雨伞

图谱见第 83 页

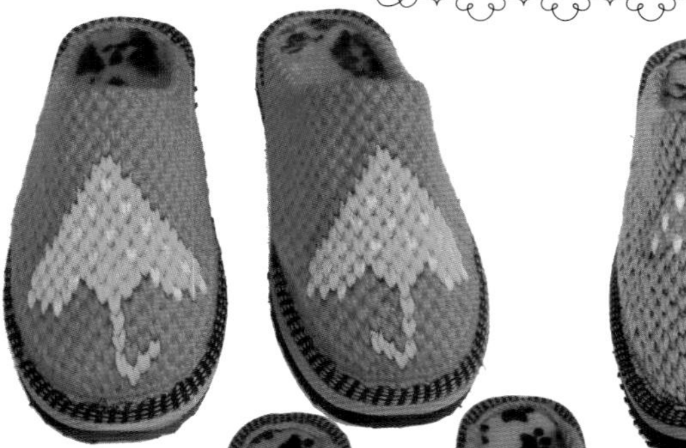

爱情鹅

图谱见第 84 页

两只鸭子

图谱见第 84 页

战斗机

图谱见第 83 页

窃窃私语

图谱见第 85 页

双鸭游

图谱见第 88 页

鹊花会

图谱见第 86 页

鸟语双栖

图谱见第 87 页

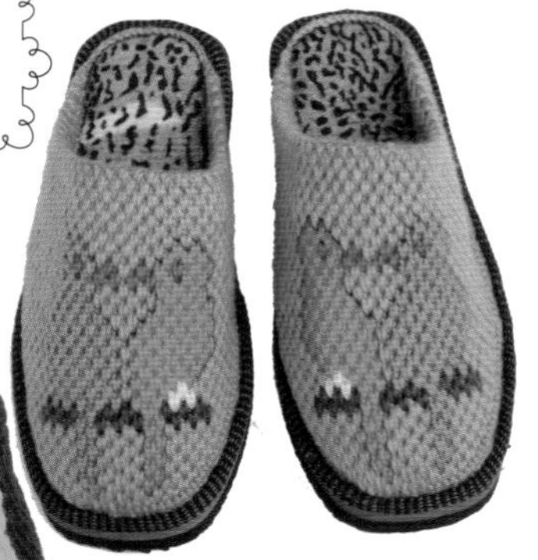

比翼连枝

图谱见第 85 页

一花共赏

图谱见第 88 页

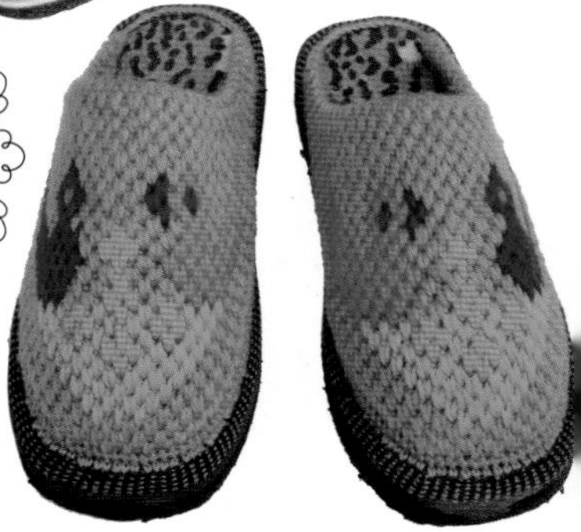

双双成对

图谱见第 87 页

白萝卜

图谱见第 89 页

西红柿

图谱见第 89 页

初生花芽

图谱见第 90 页

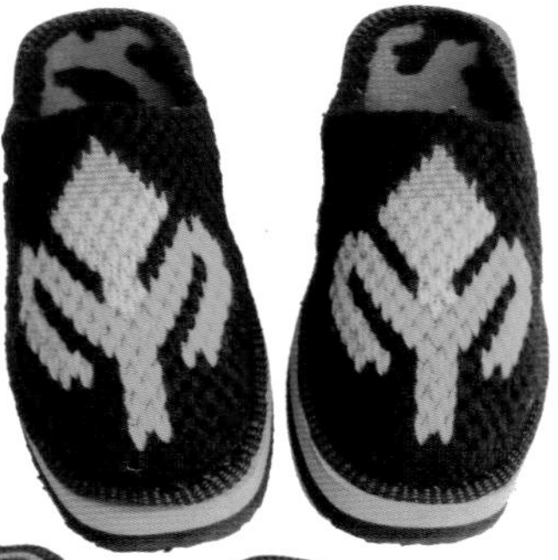

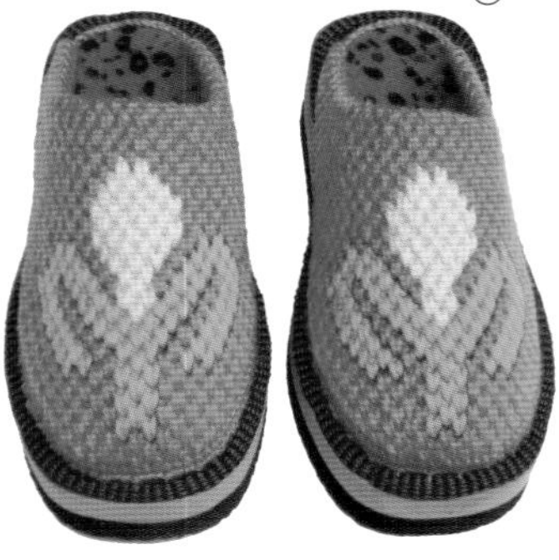

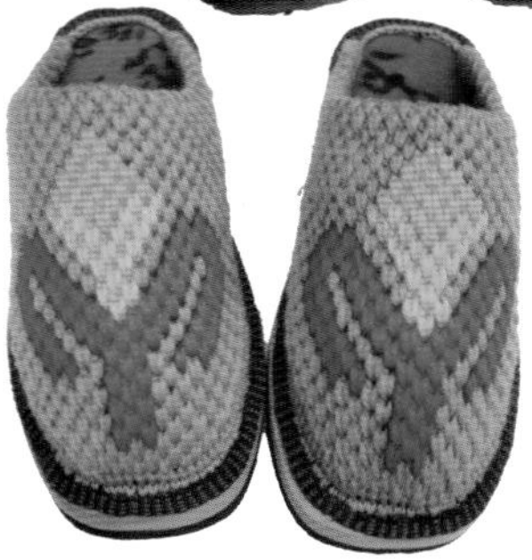

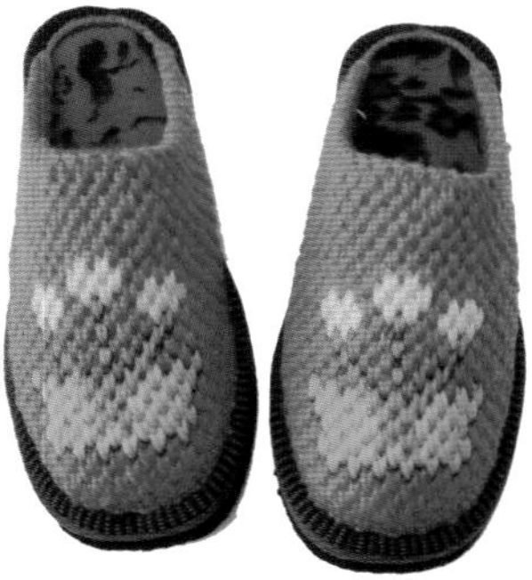

三花一景

图谱见第 90 页

苹果

图谱见第 91 页

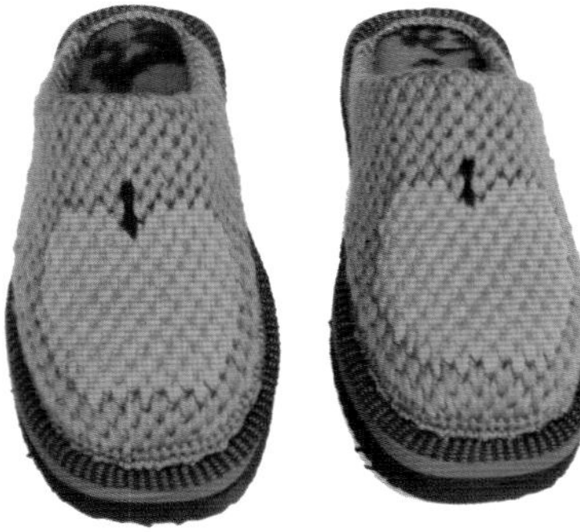

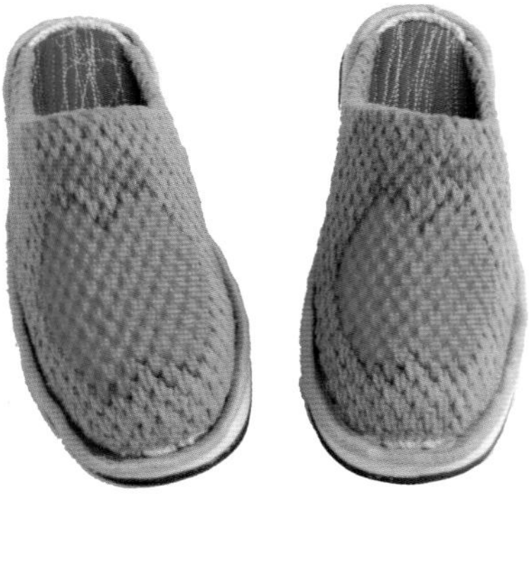

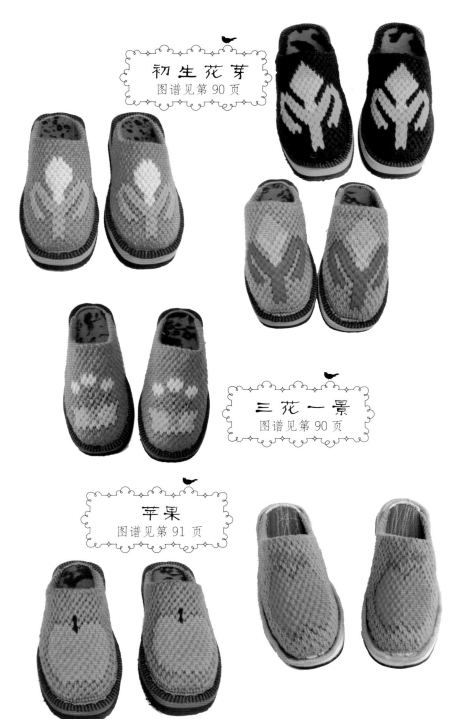

粗皮叶

图谱见第 91 页

枫叶

图谱见第 92 页

牡丹花开

图谱见第 92 页

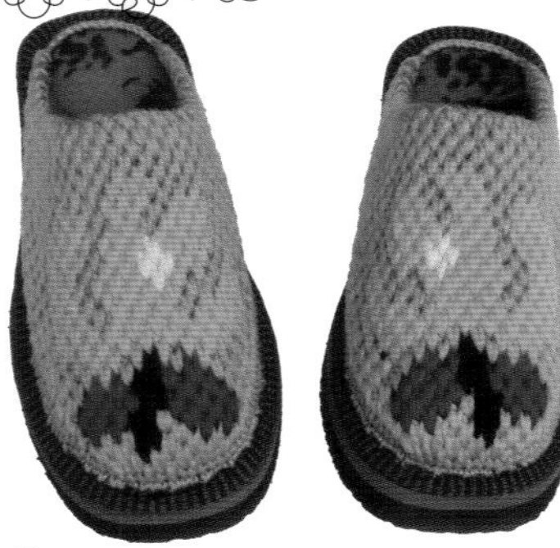

含笑花开

图谱见第 94 页

藤本月季

图谱见第 94 页

三朵金花

图谱见第 93 页

马蹄莲

图谱见第 95 页

小蘑菇

图谱见第 95 页

大叶盆景

图谱见第 96 页

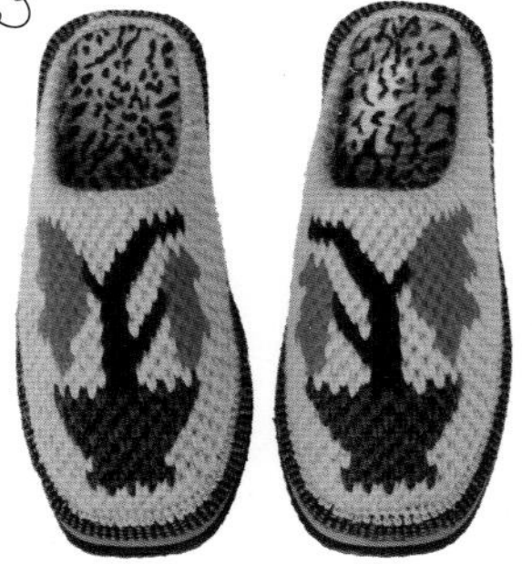

梅花怒放

图谱见第 96 页

虞美人

图谱见第 97 页

美人樱

图谱见第 97 页

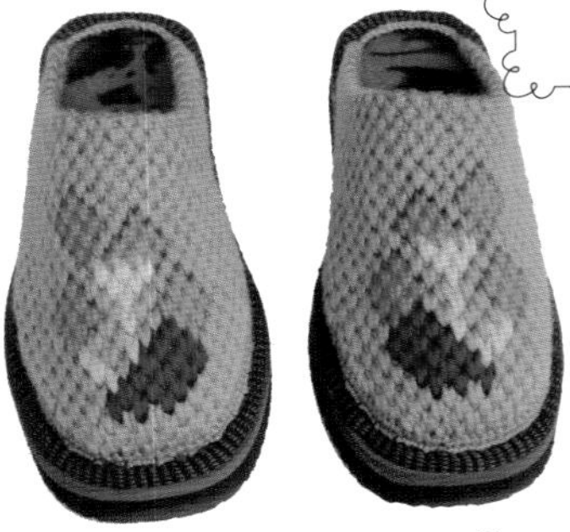

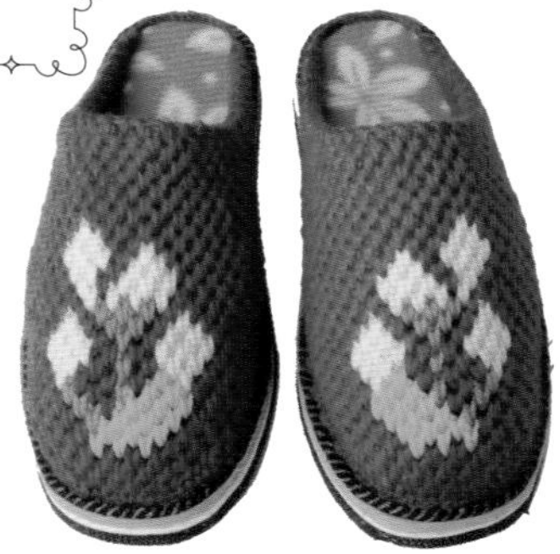

蜀葵

图谱见第 98 页

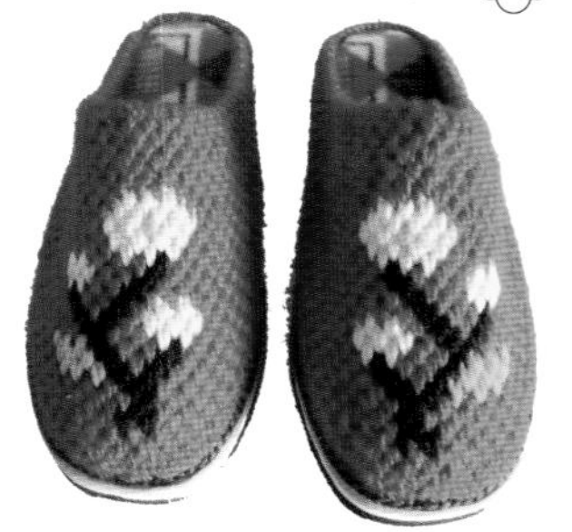

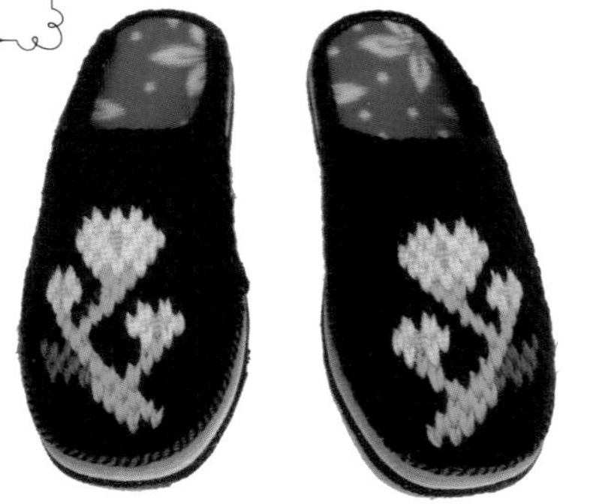

鸢尾花

图谱见第 98 页

含苞待放

图谱见第 93 页

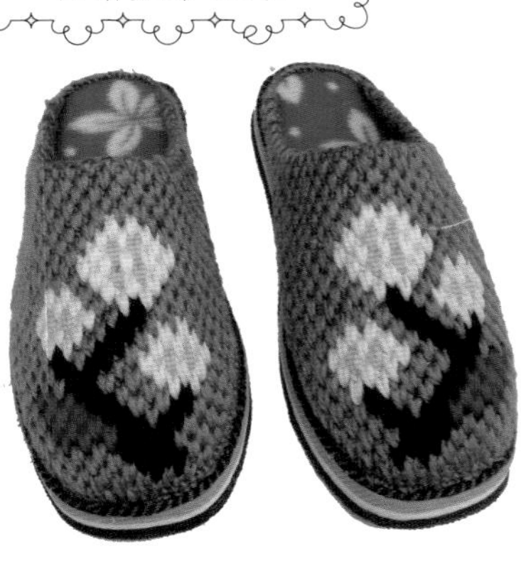

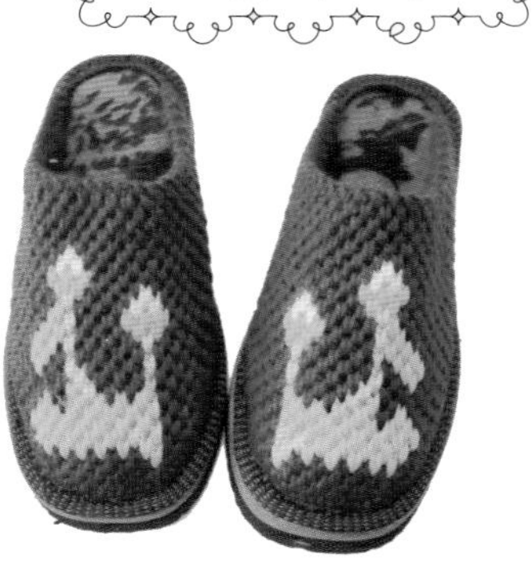

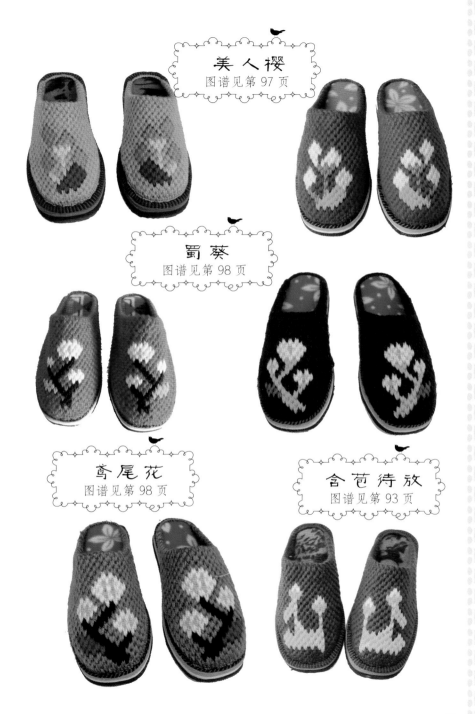

乖船娃

图谱见第 99 页

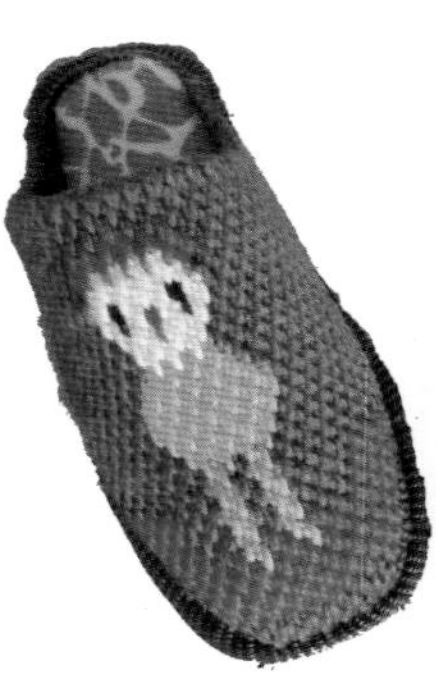

大脸妹

图谱见第 101 页

乘船妹

图谱见第 100 页

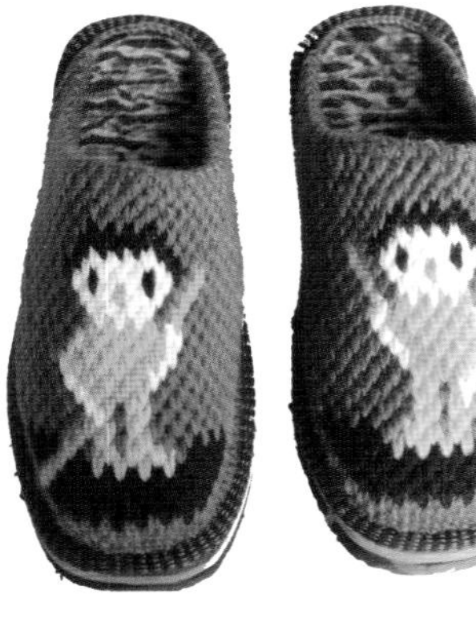

撑船娃

图谱见第 99 页

亭亭玉立

图谱见第 102 页

攀枝妹

图谱见第 101 页

邻家小妹

图谱见第 102 页

美人鱼

图谱见第 103 页

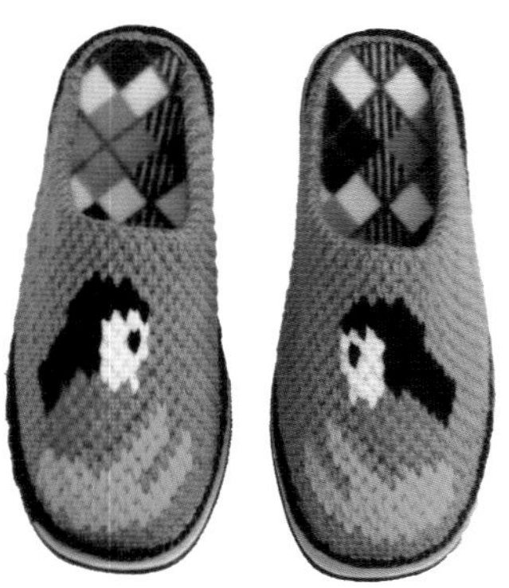

小正太

图谱见第 104 页

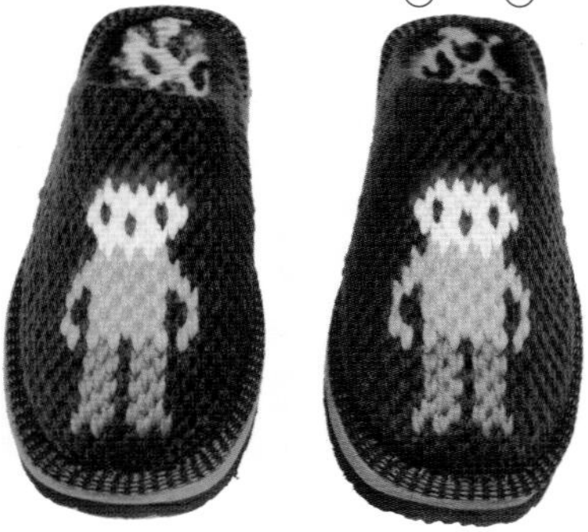

小人鱼

图谱见第 103 页

小呆妹

图谱见第 104 页

小妹

图谱见第 105 页

娃娃

图谱见第 105 页

小鱼

图谱见第 106 页

花间妹

图谱见第 100 页

图谱

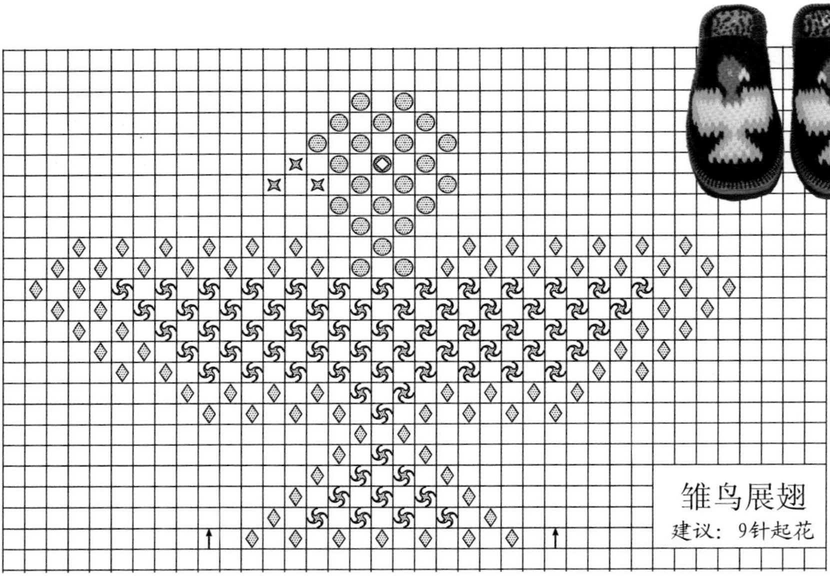
雏鸟展翅
建议：9针起花

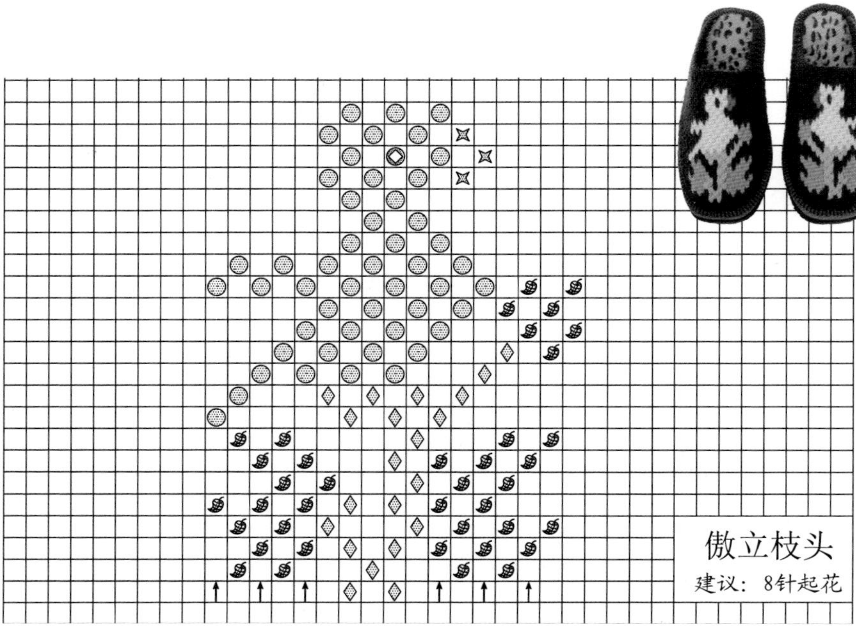
傲立枝头
建议：8针起花

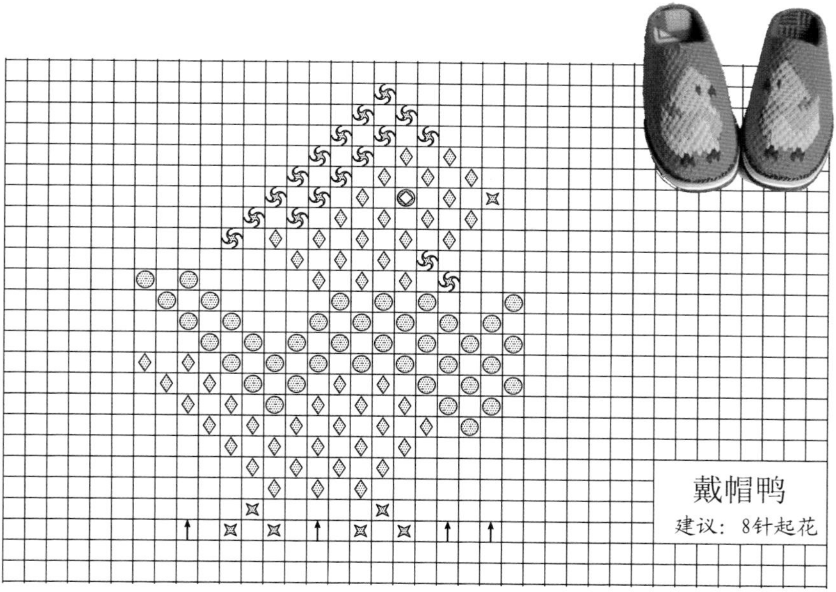
戴帽鸭
建议：8针起花

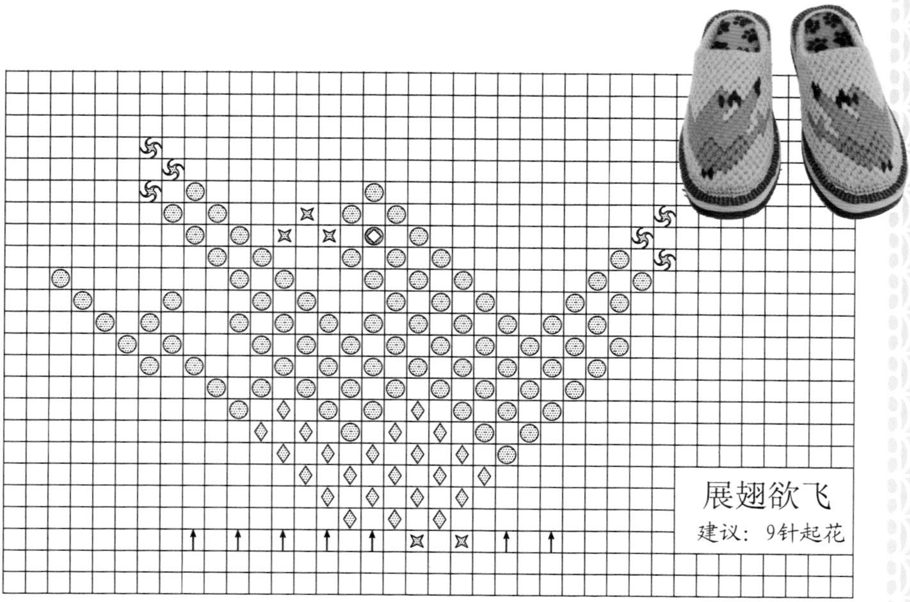
展翅欲飞
建议：9针起花

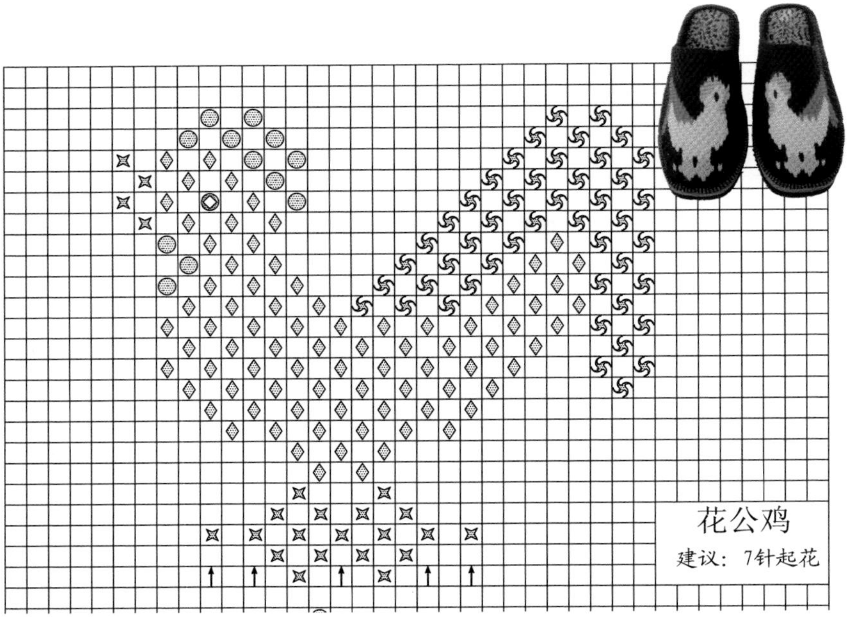

花公鸡

建议：7针起花

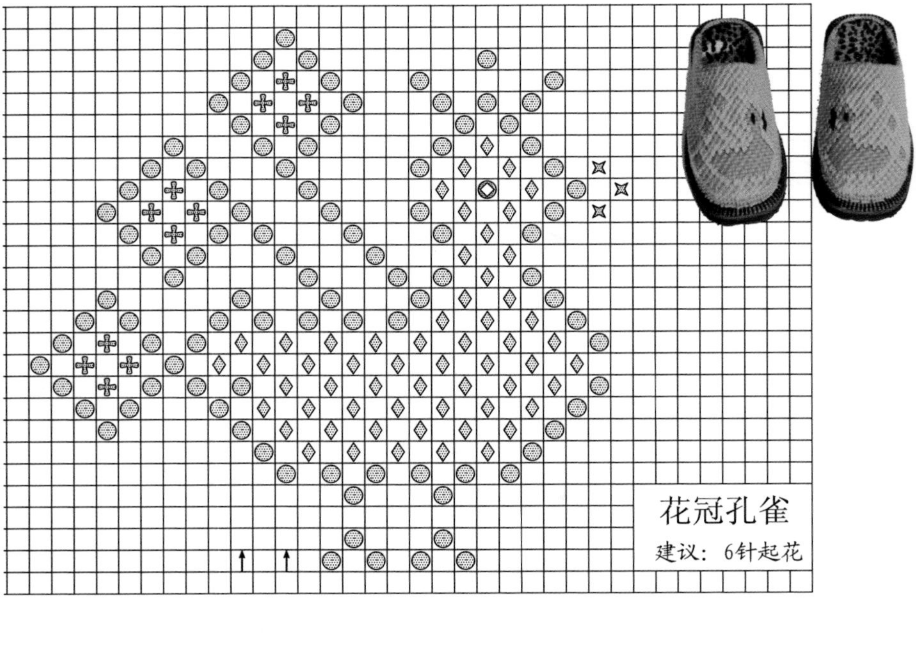

花冠孔雀

建议：6针起花

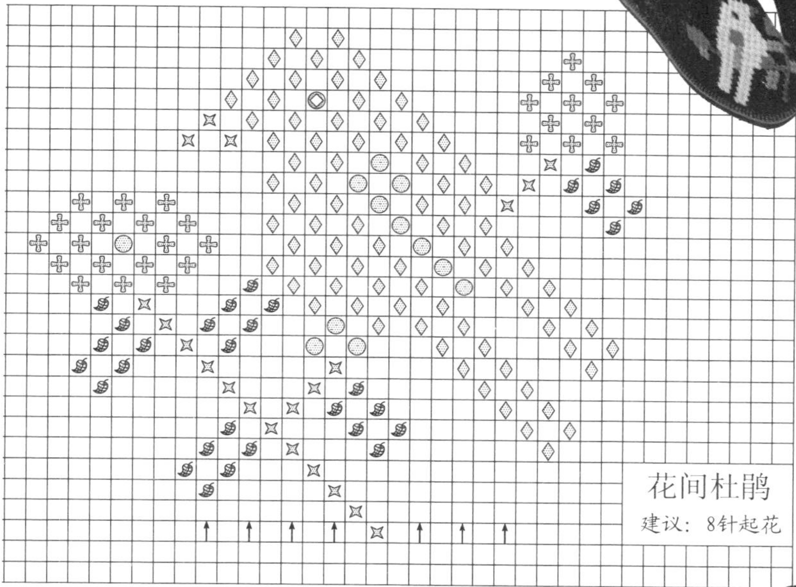

花间杜鹃

建议：8针起花

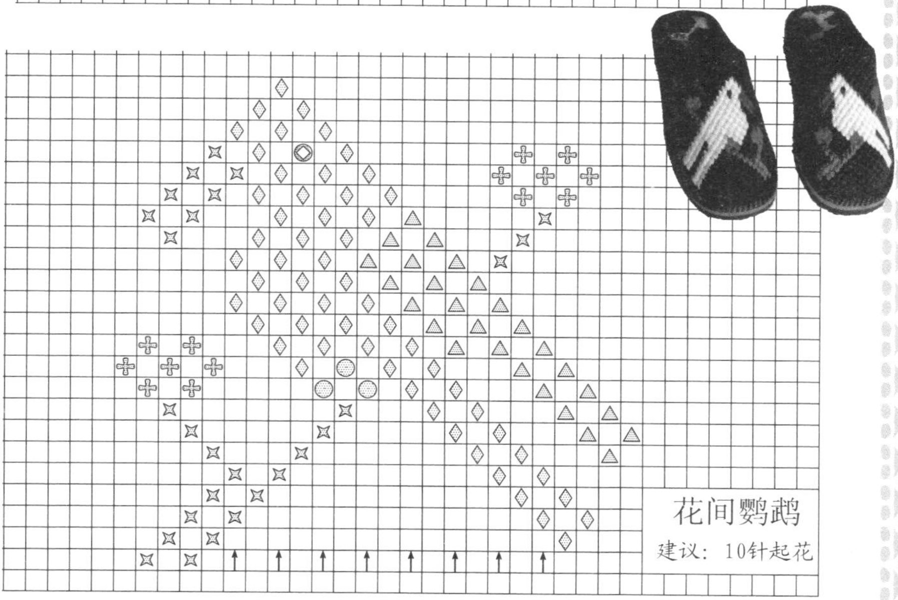

花间鹦鹉

建议：10针起花

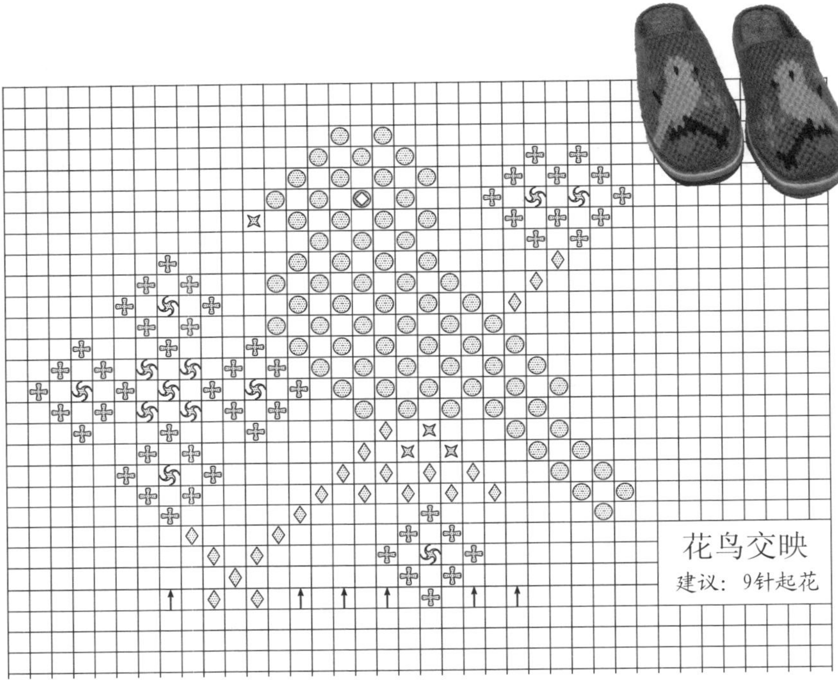

花鸟交映

建议：9针起花

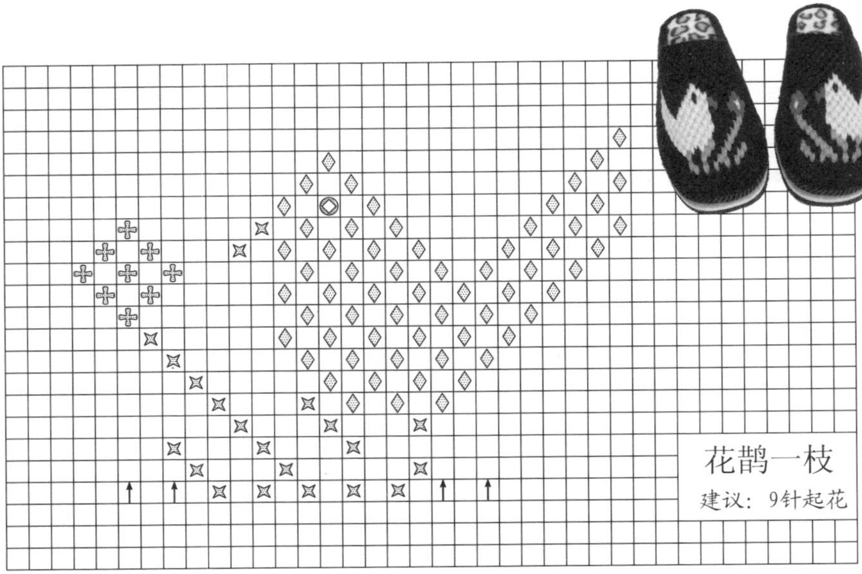

花鹊一枝

建议：9针起花

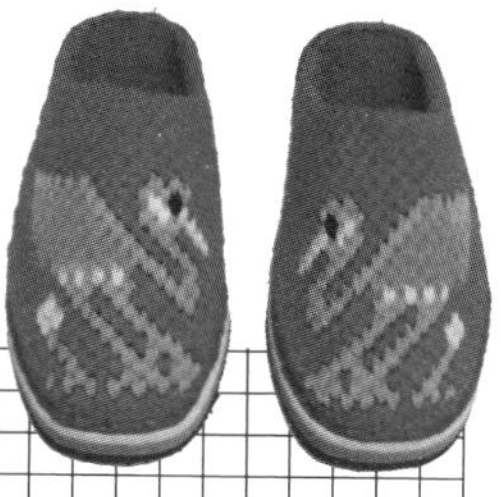

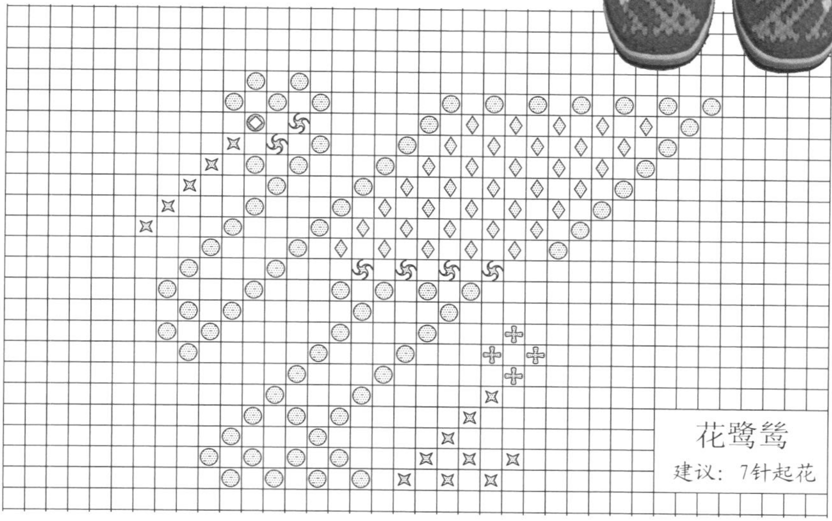

花鹭鸶

建议：7针起花

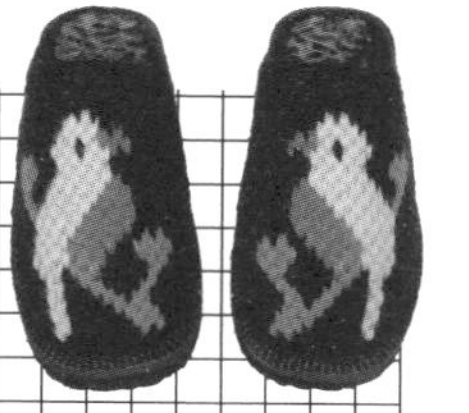

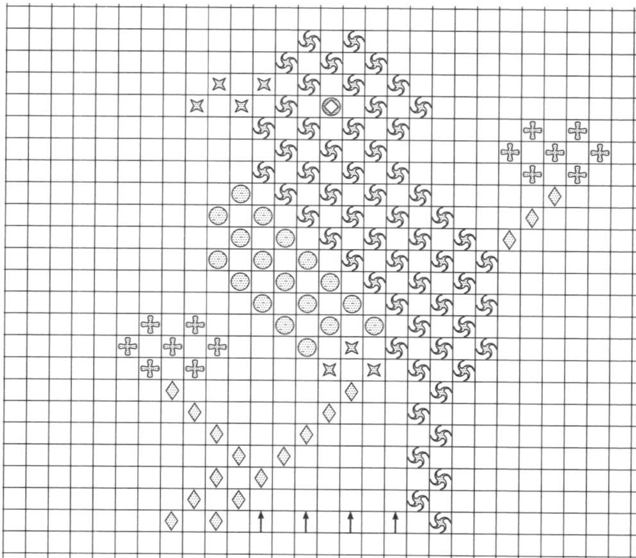

花枝鹦鹉

建议：7针起花

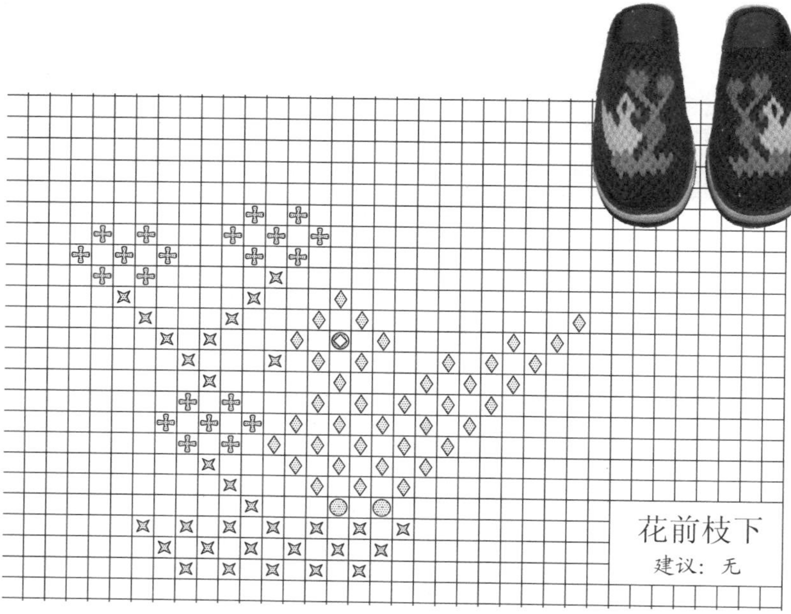

花前枝下

建议：无

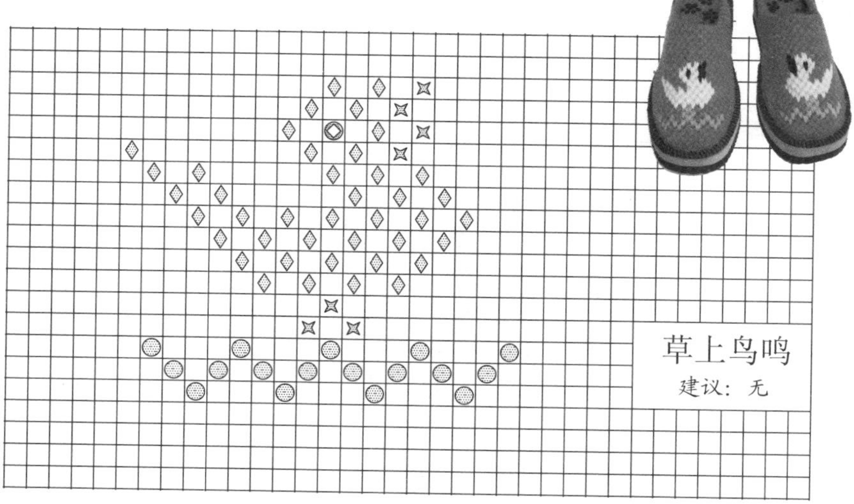

草上鸟鸣

建议：无

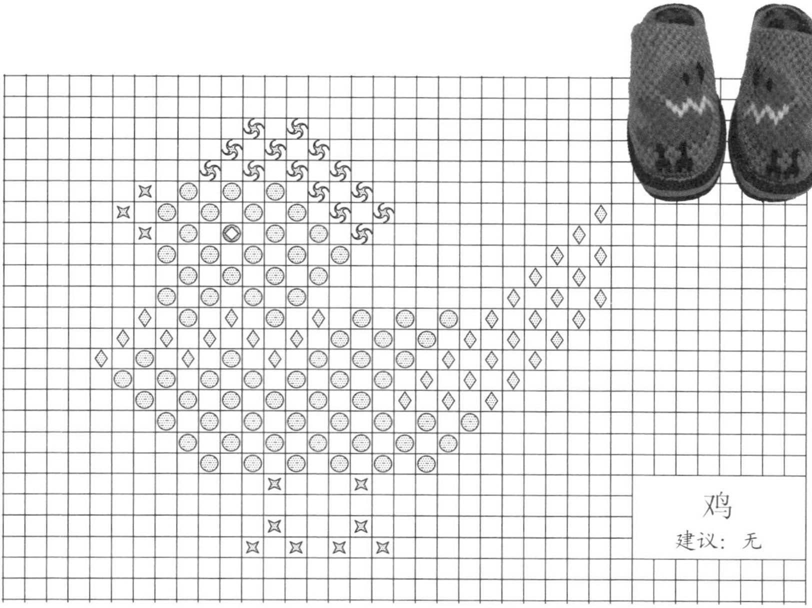

鸡

建议：无

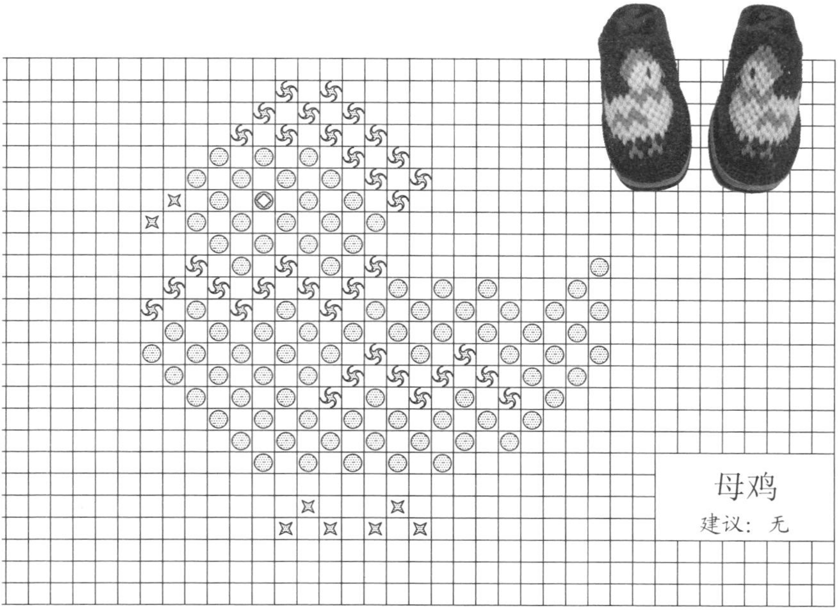

母鸡

建议：无

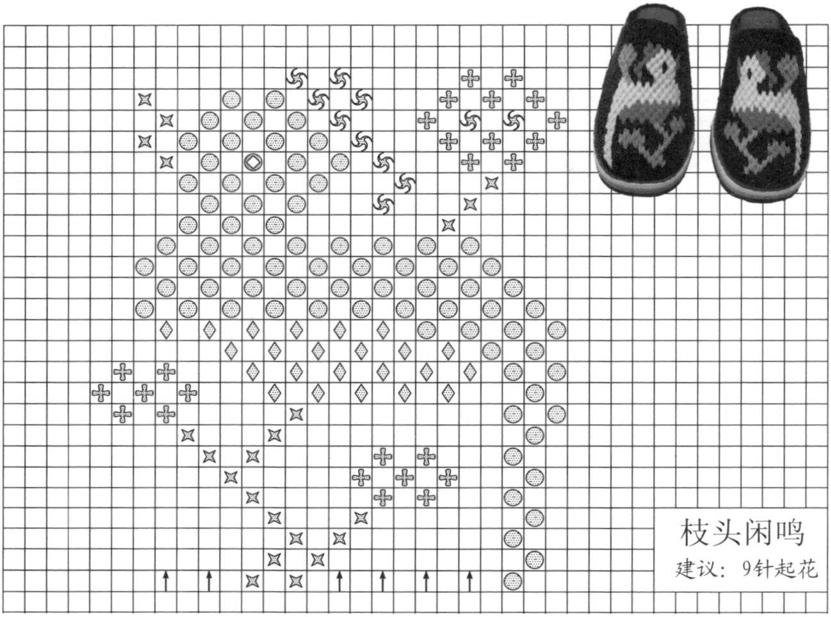

枝头闲鸣

建议：9针起花

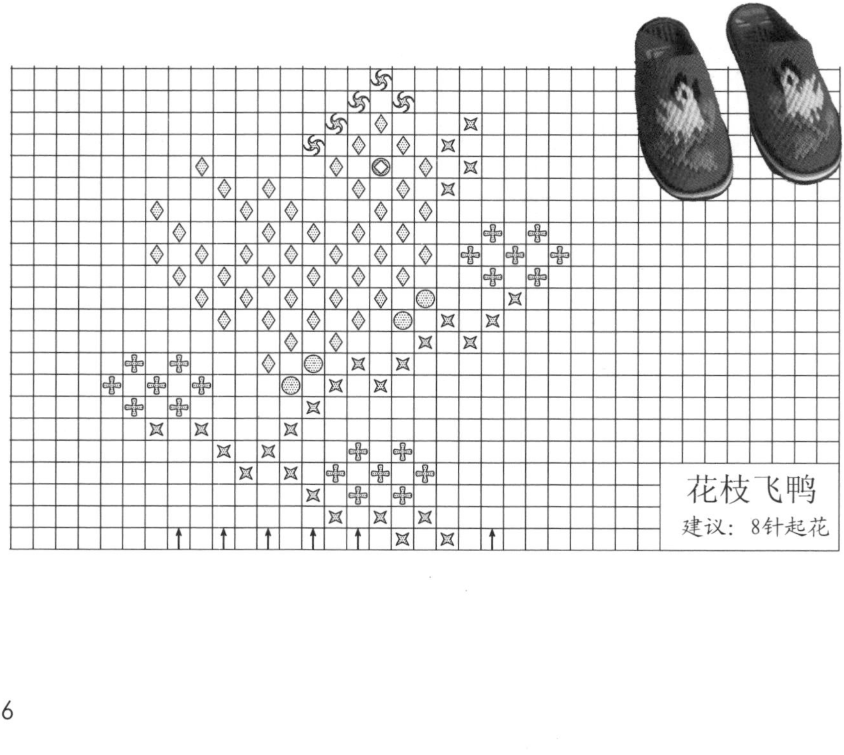

花枝飞鸭

建议：8针起花

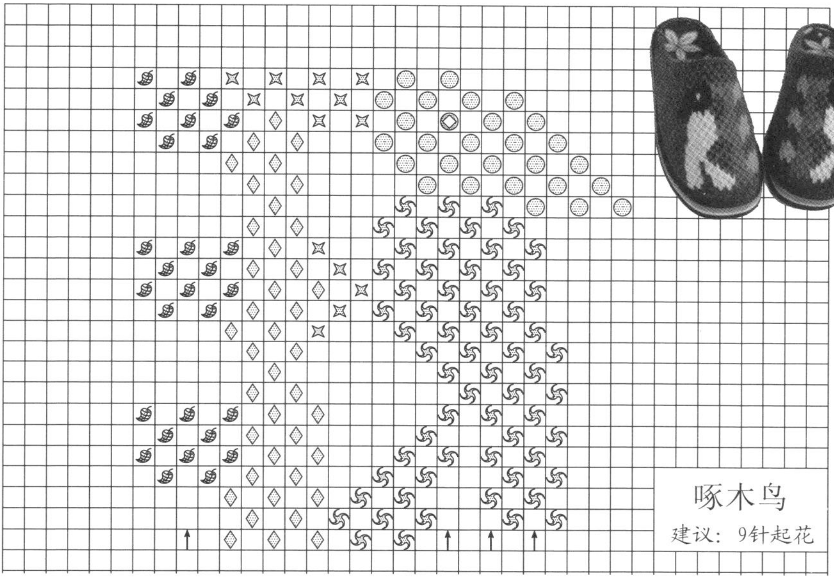

啄木鸟

建议：9针起花

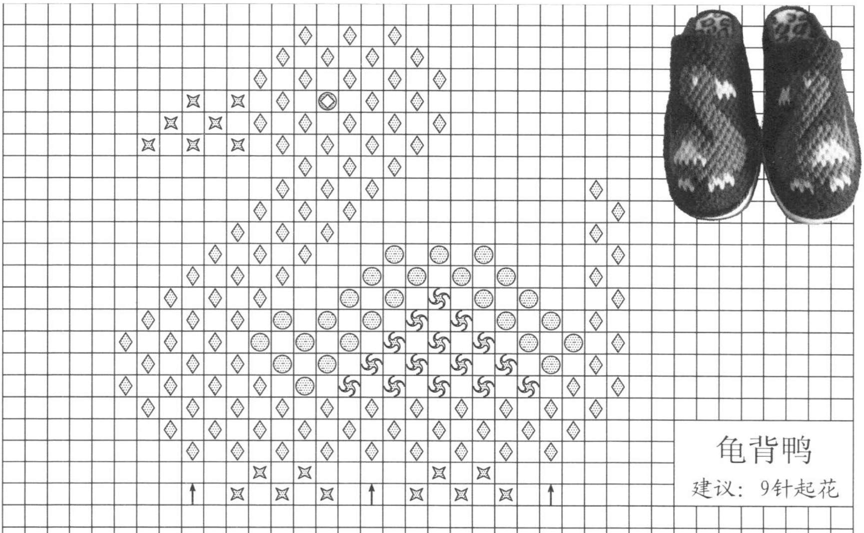

龟背鸭

建议：9针起花

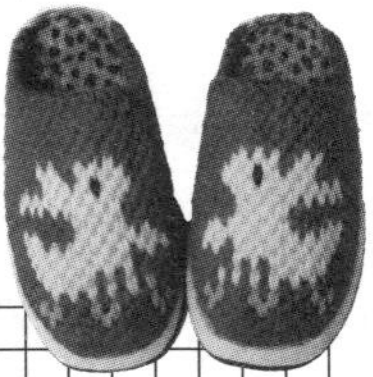

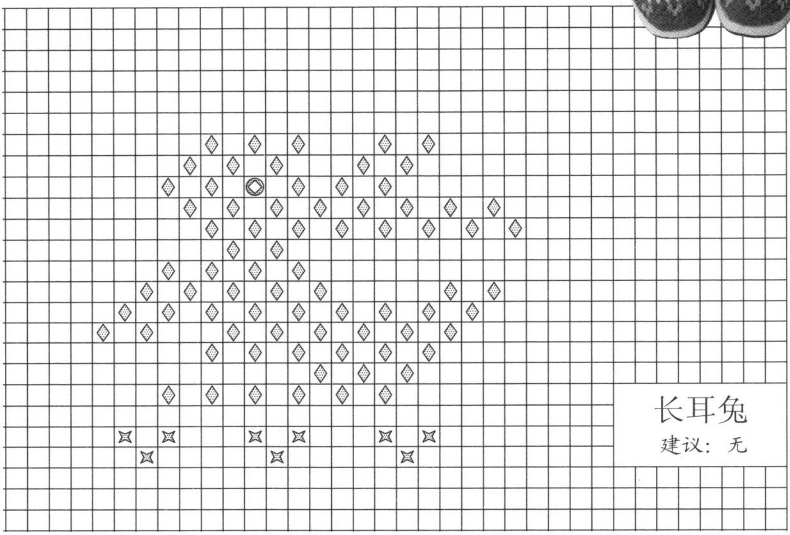

长耳兔

建议：无

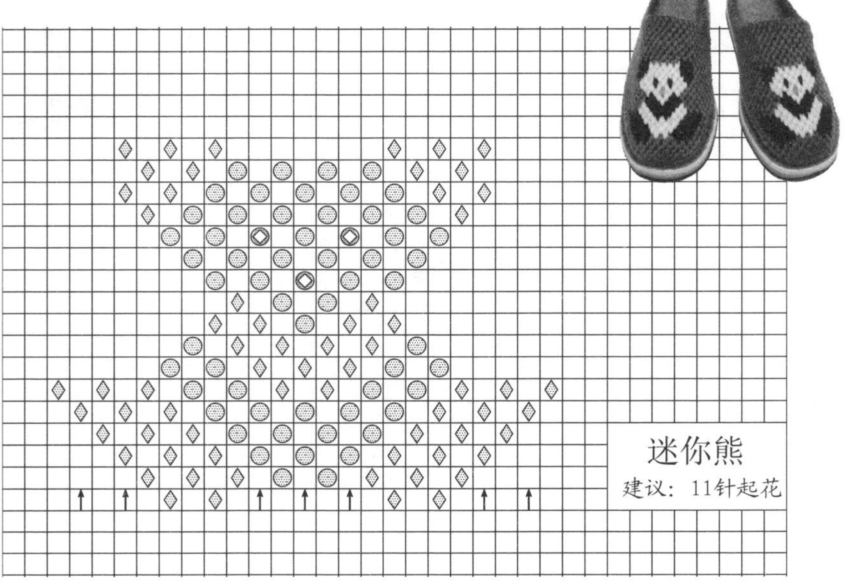

迷你熊

建议：11针起花

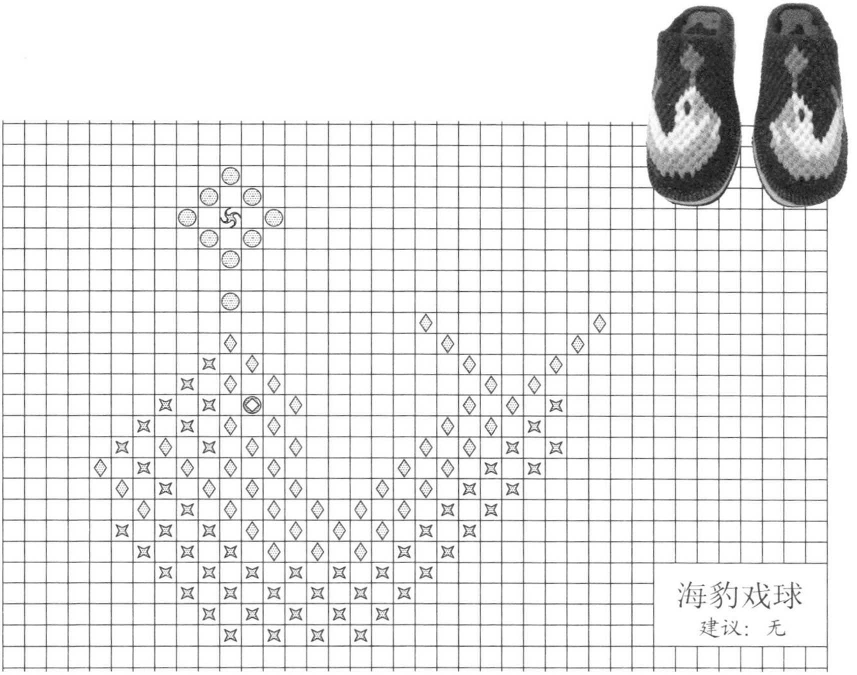

海豹戏球

建议：无

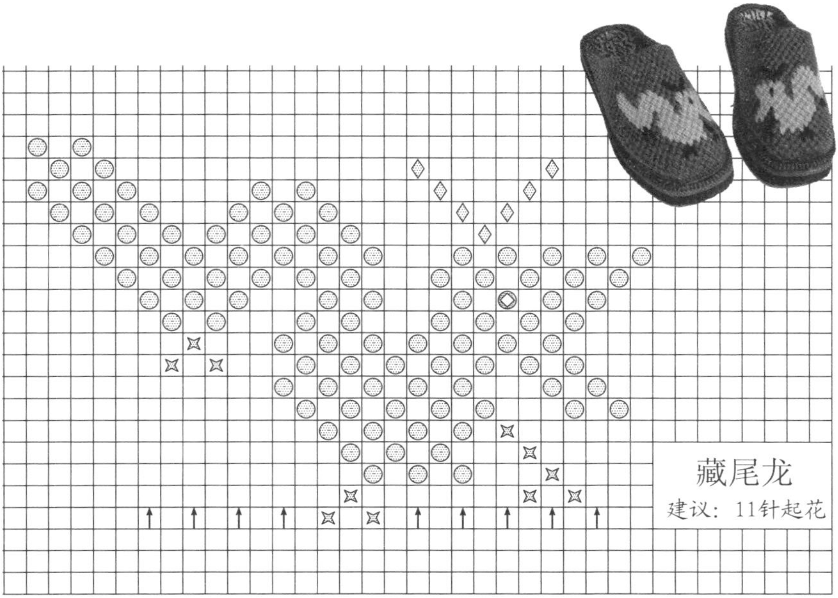

藏尾龙

建议：11针起花

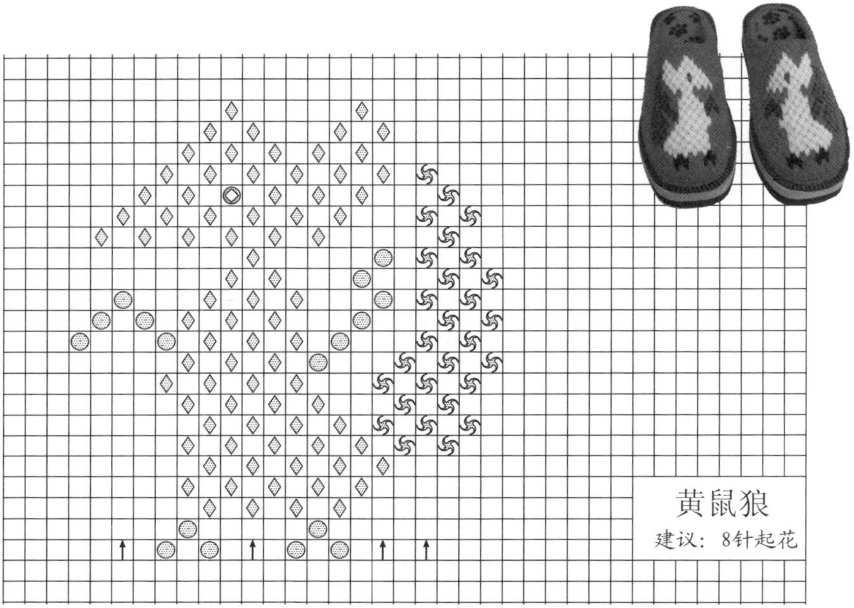

黄鼠狼

建议：8针起花

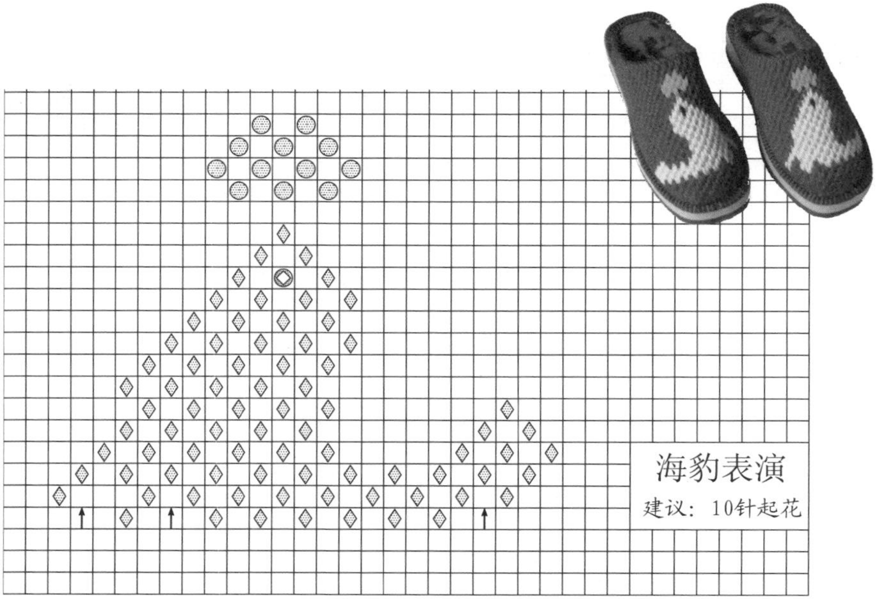

海豹表演

建议：10针起花

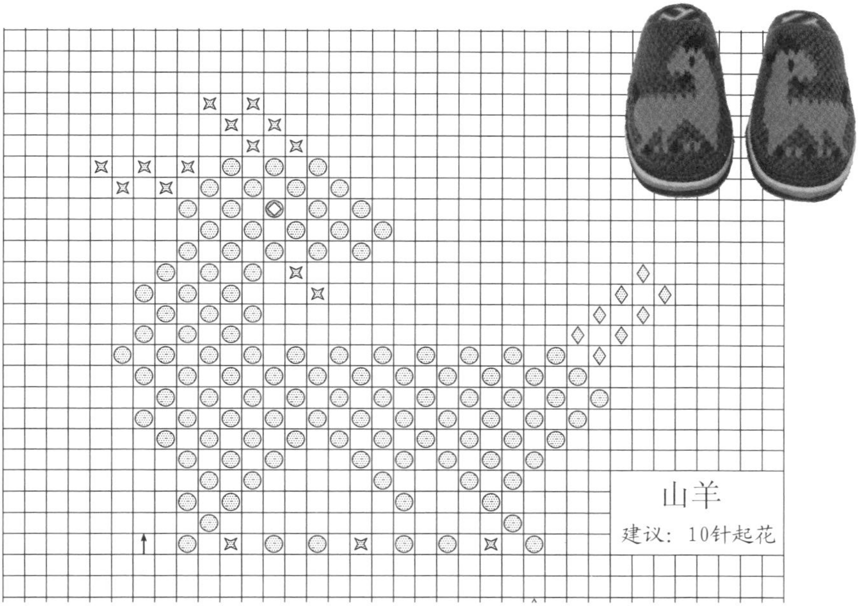

山羊

建议：10针起花

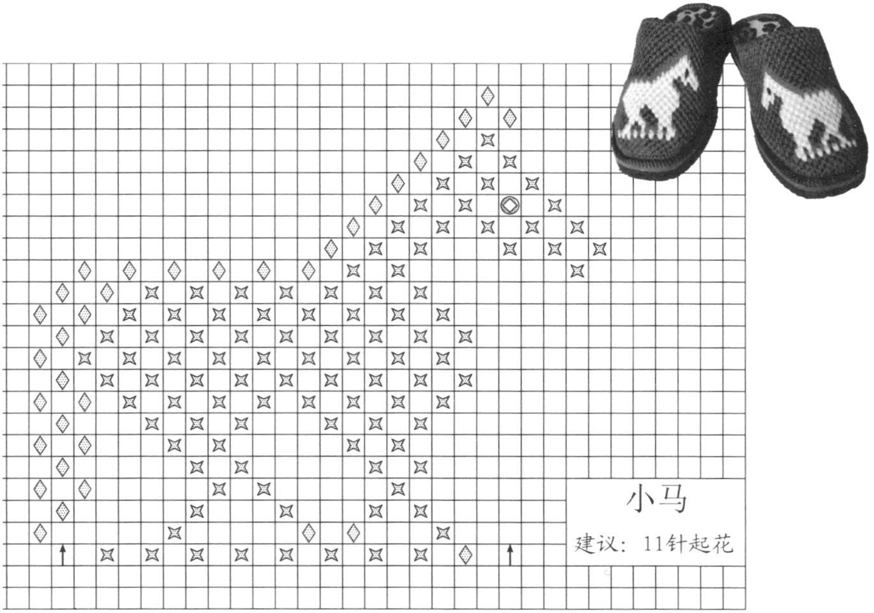

小马

建议：11针起花

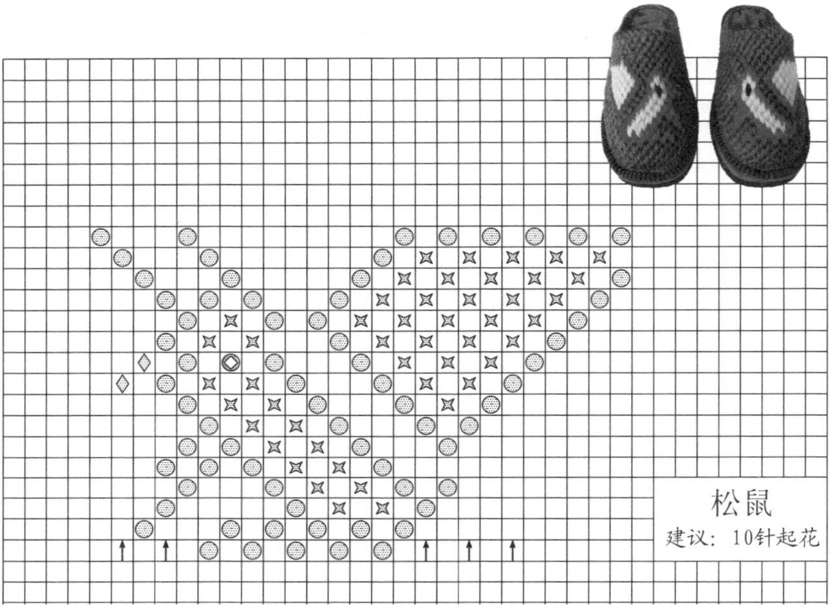
松鼠
建议：10针起花

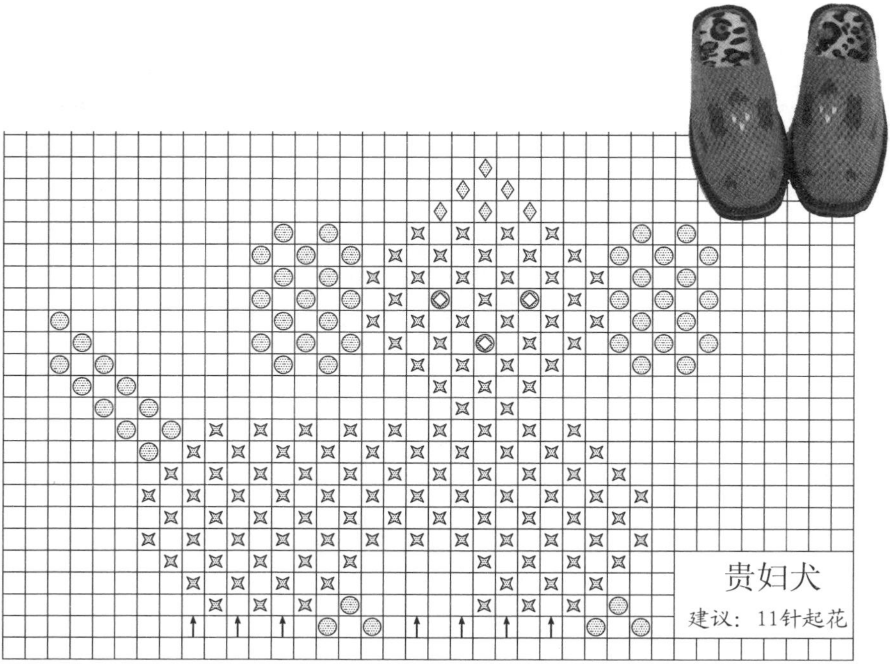
贵妇犬
建议：11针起花

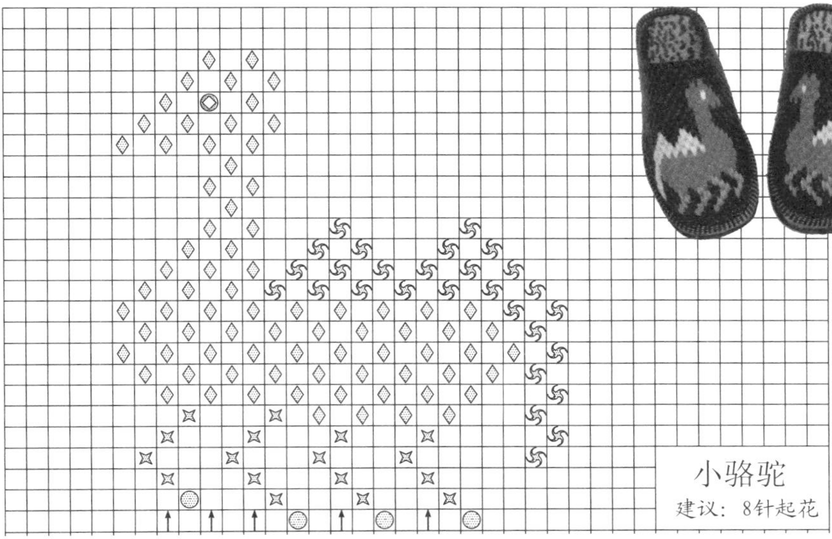

小骆驼

建议：8针起花

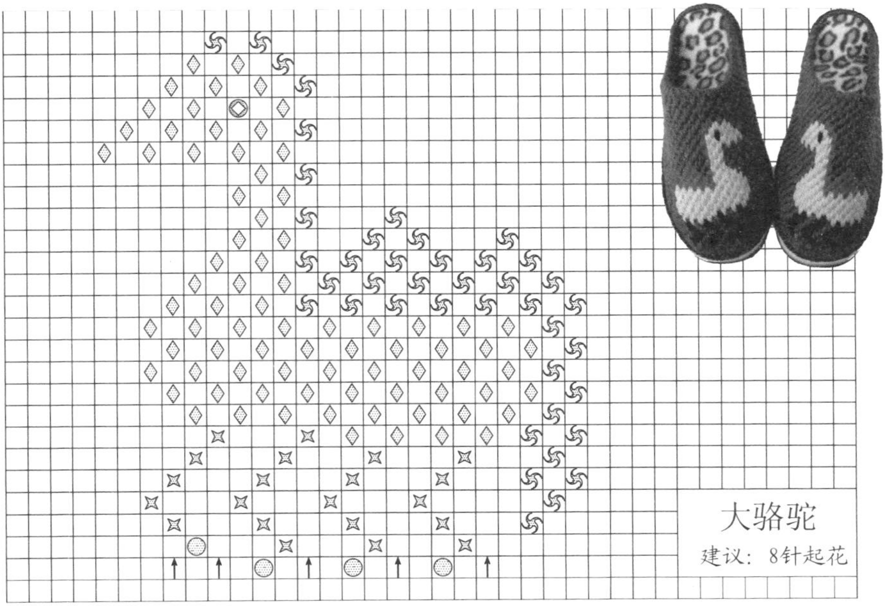

大骆驼

建议：8针起花

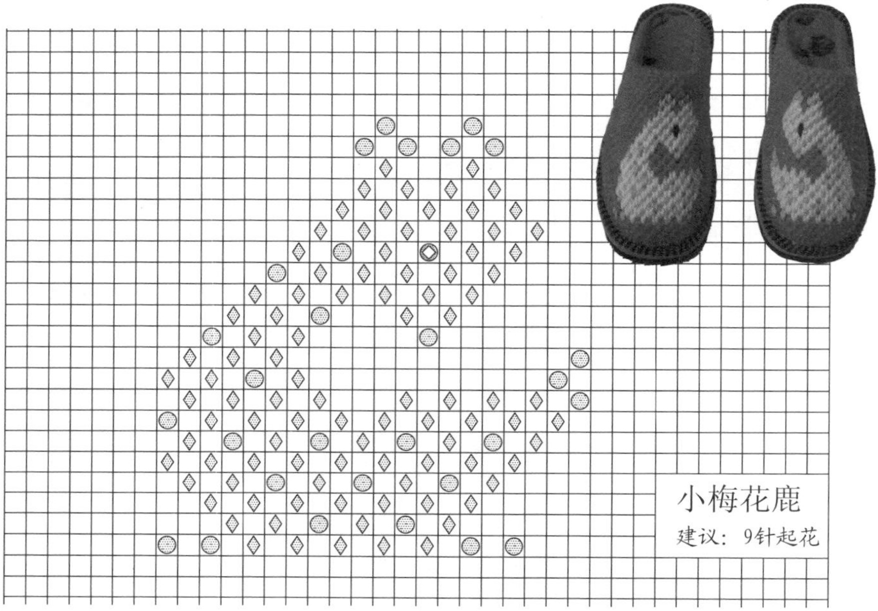

小梅花鹿

建议：9针起花

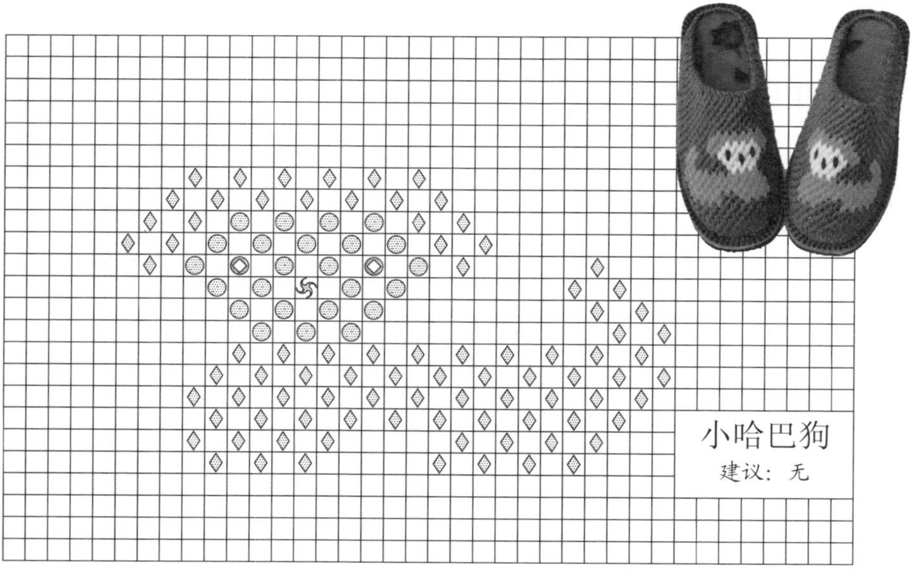

小哈巴狗

建议：无

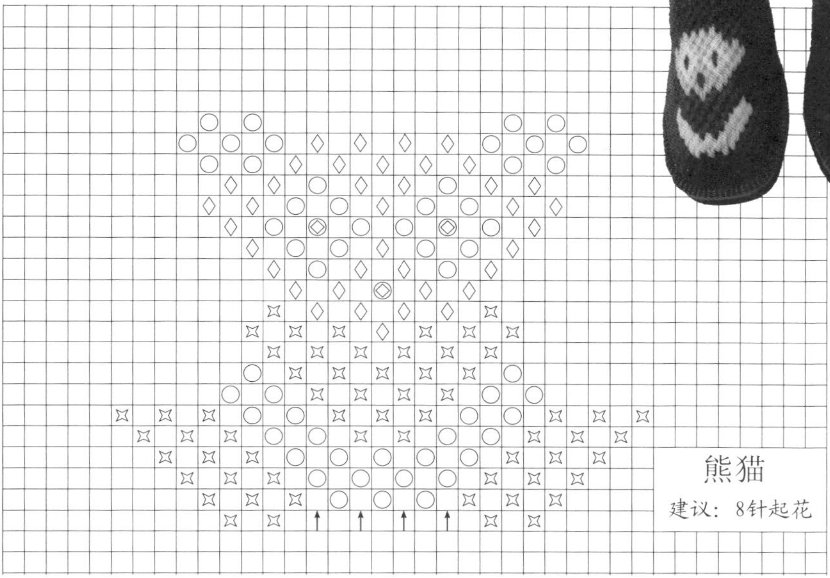

熊猫

建议：8针起花

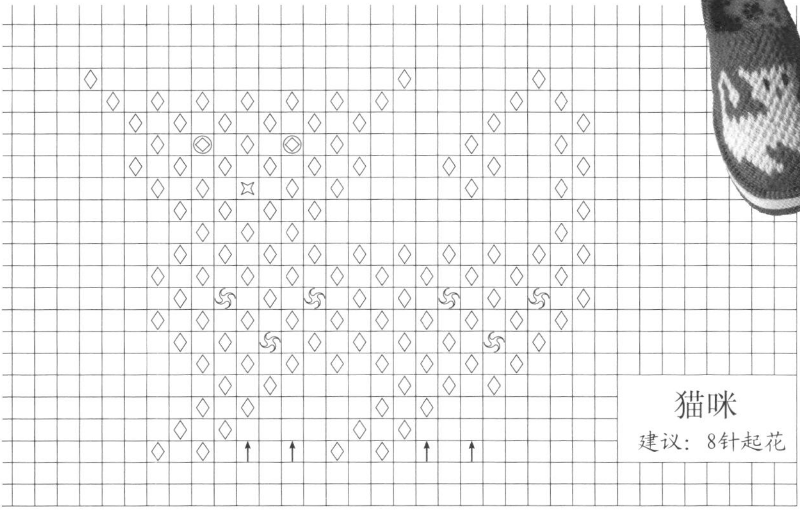

猫咪

建议：8针起花

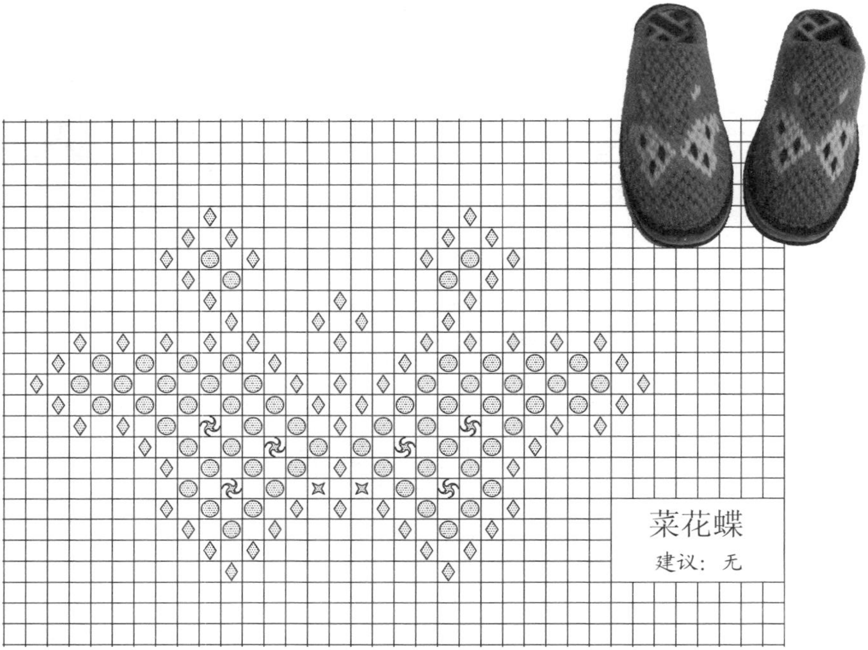

菜花蝶

建议：无

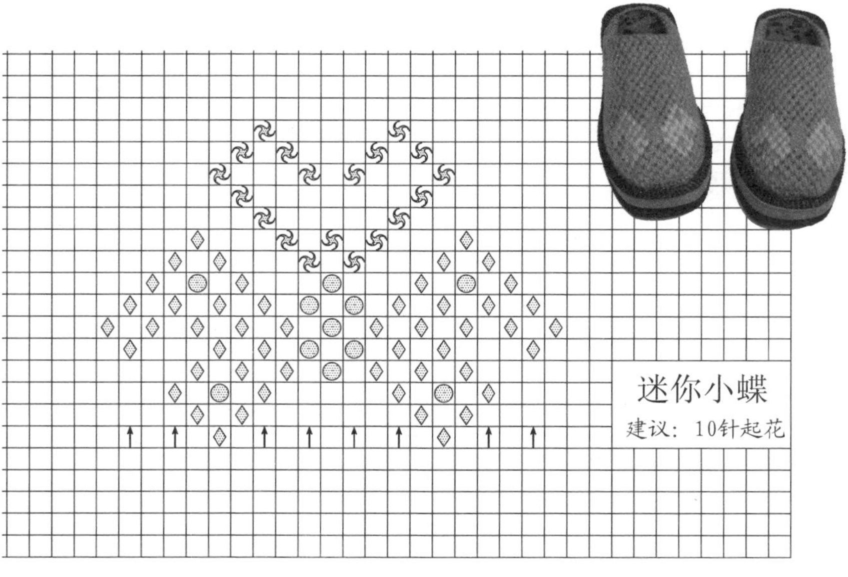

迷你小蝶

建议：10针起花

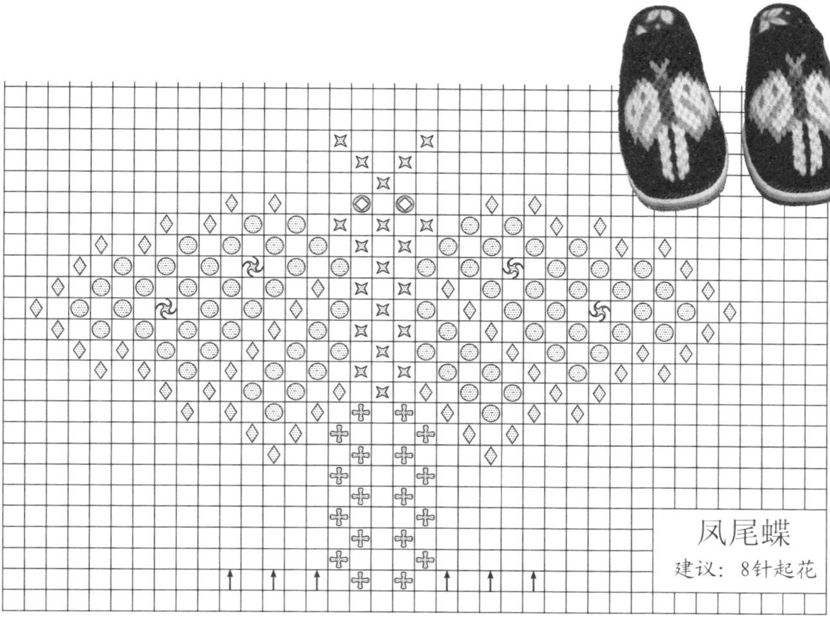

凤尾蝶

建议：8针起花

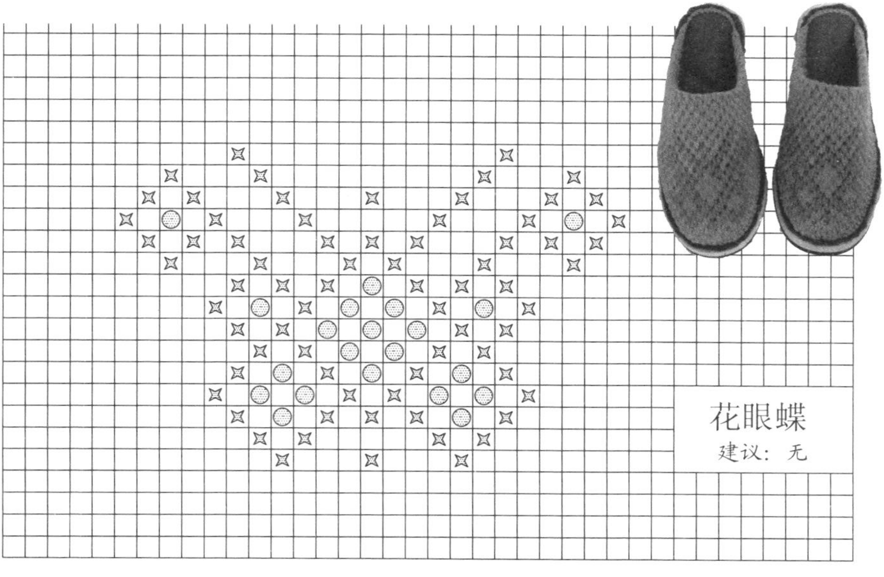

花眼蝶

建议：无

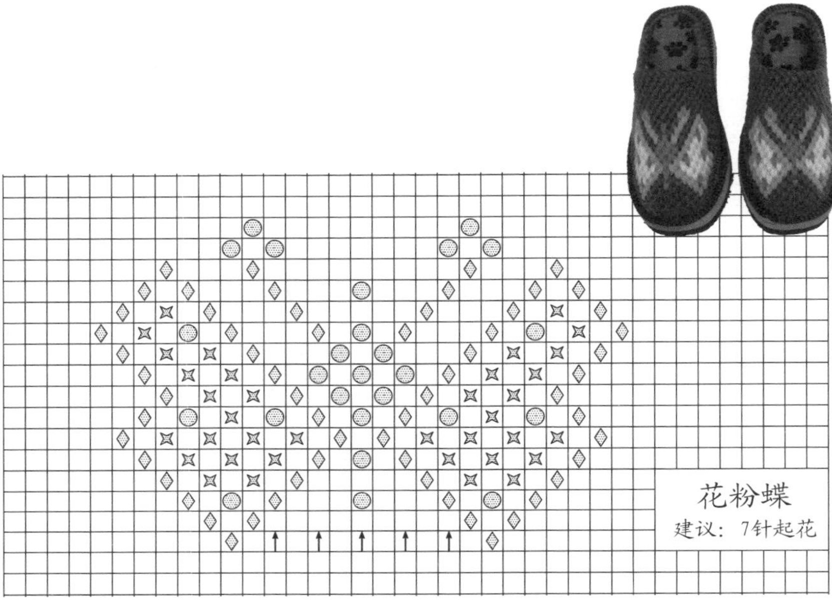

花粉蝶

建议：7针起花

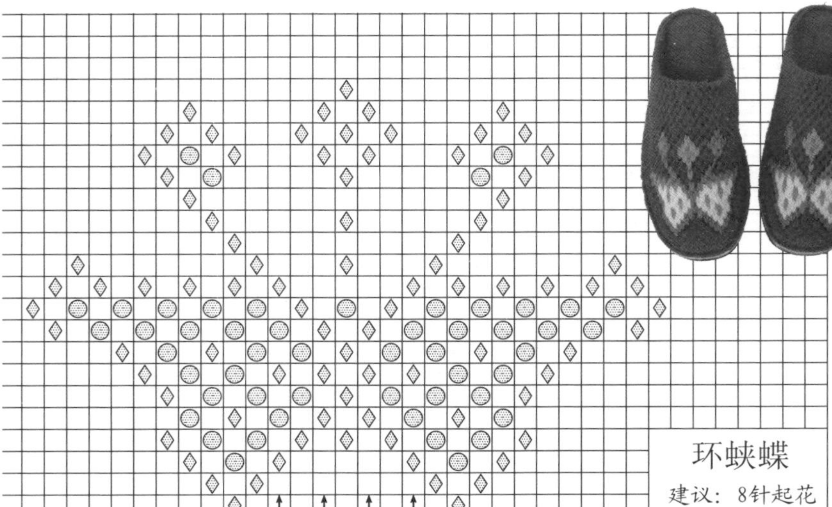

环蛱蝶

建议：8针起花

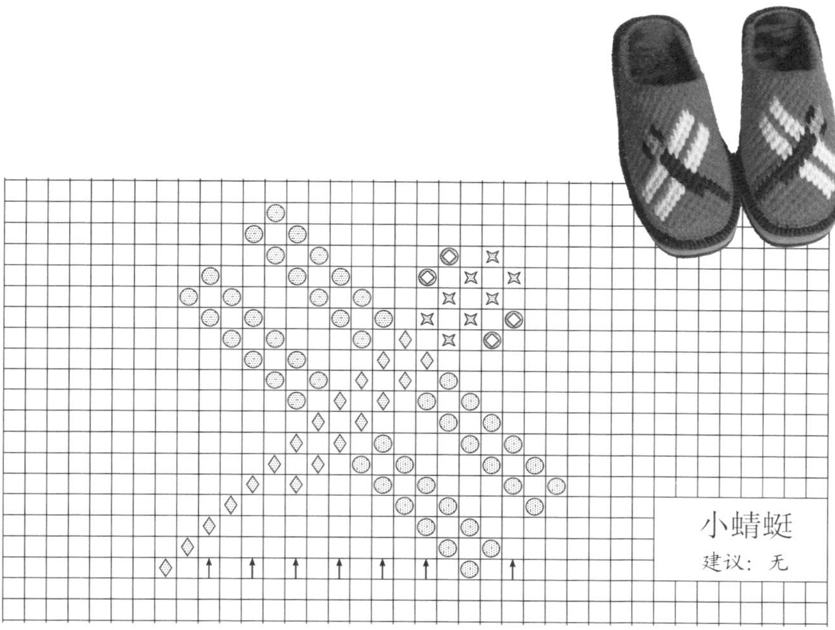

小蜻蜓

建议：无

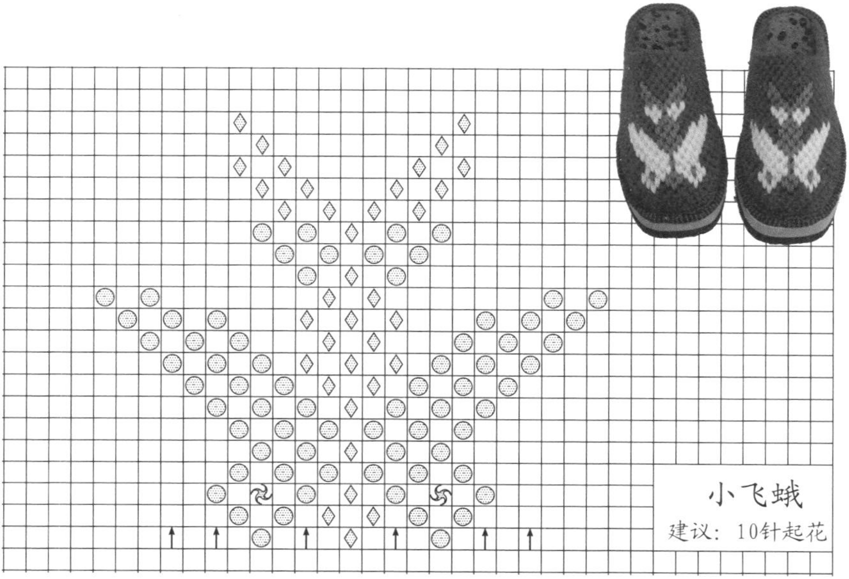

小飞蛾

建议：10针起花

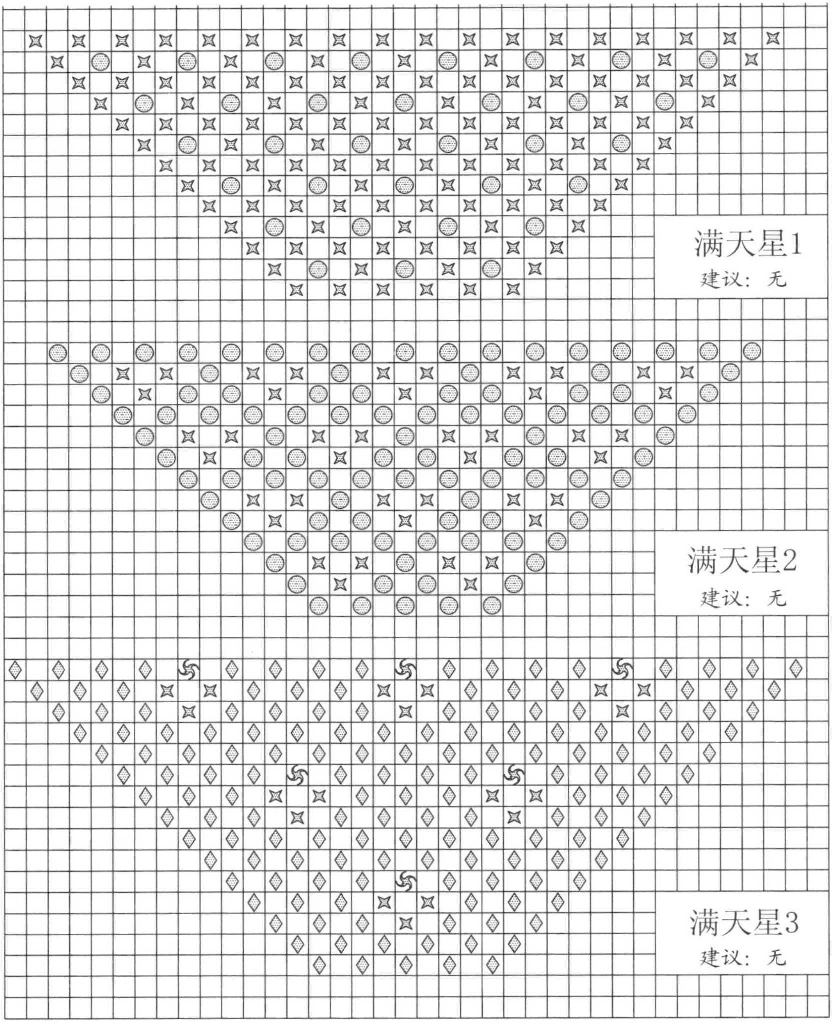
满天星1
建议：无
满天星2
建议：无
满天星3
建议：无

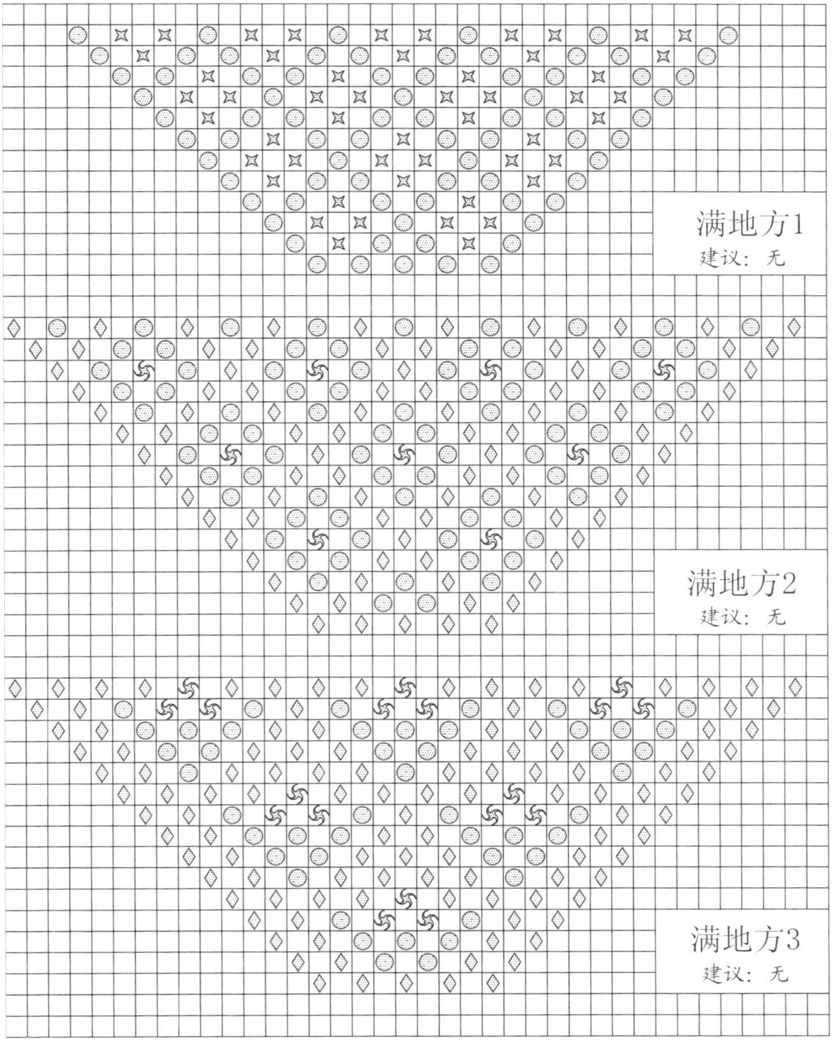
满地方1
建议：无
满地方2
建议：无
满地方3
建议：无

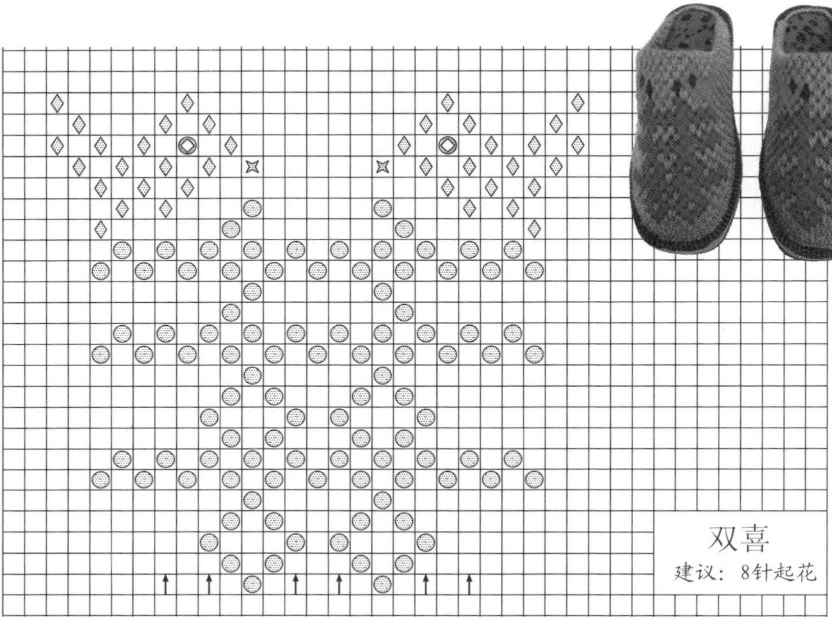

双喜

建议：8针起花

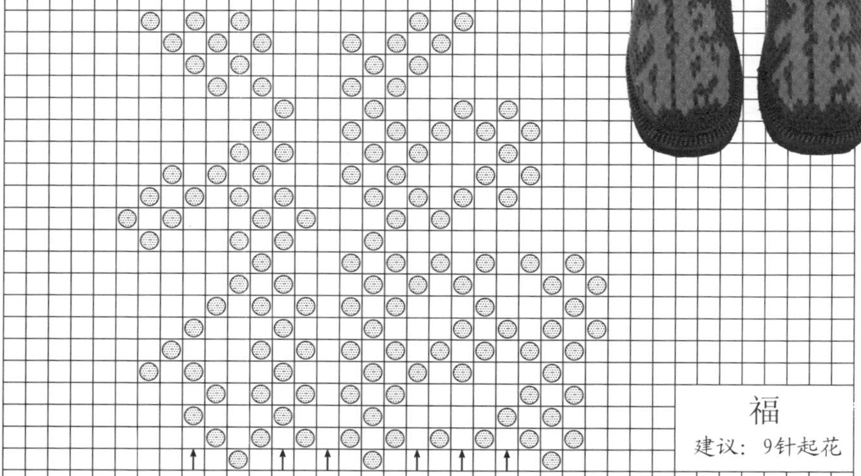

福

建议：9针起花

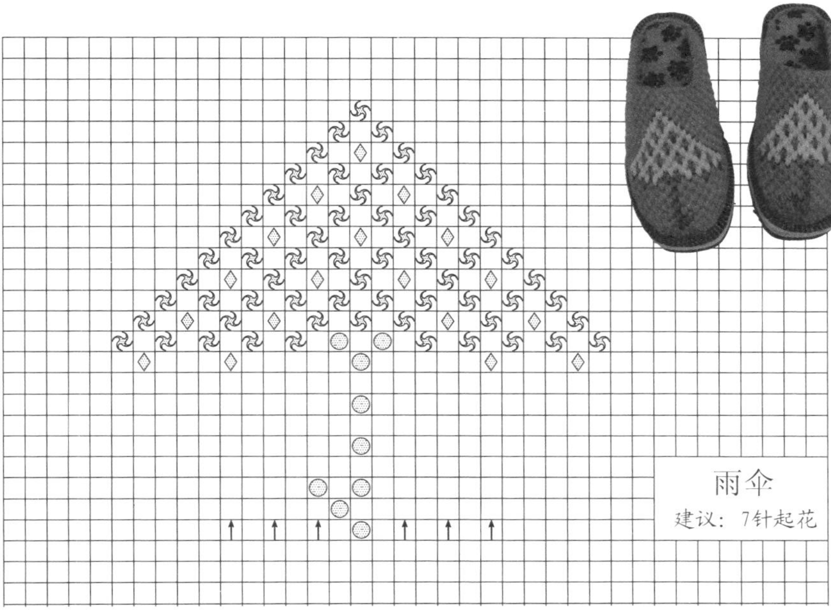

雨伞

建议：7针起花

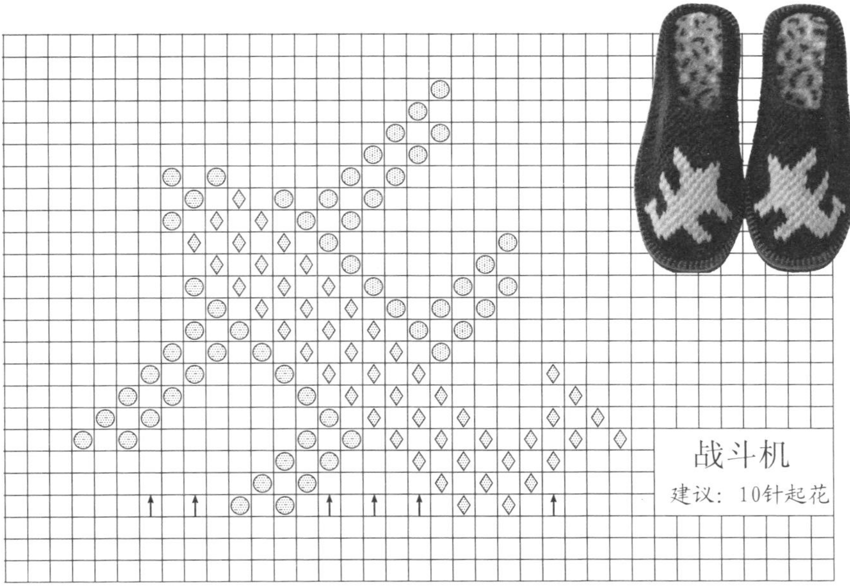

战斗机

建议：10针起花

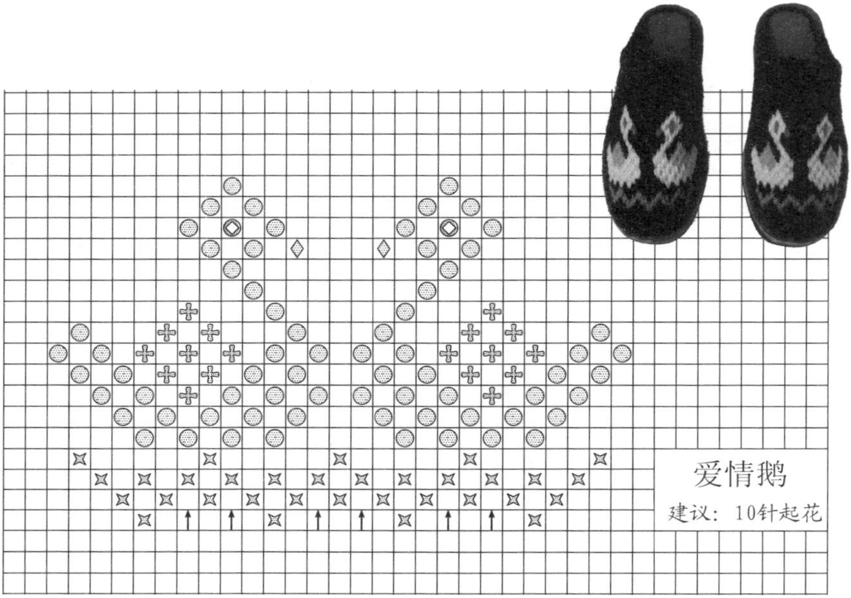

爱情鹅

建议：10针起花

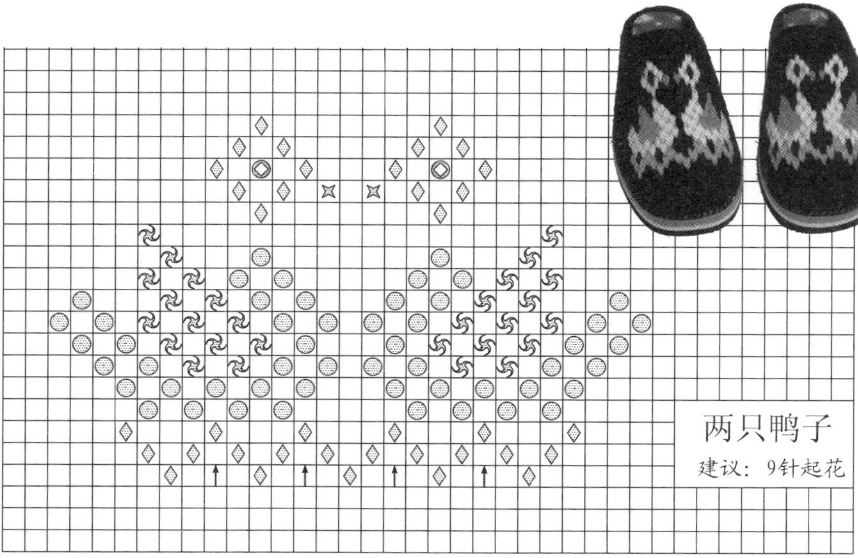

两只鸭子

建议：9针起花

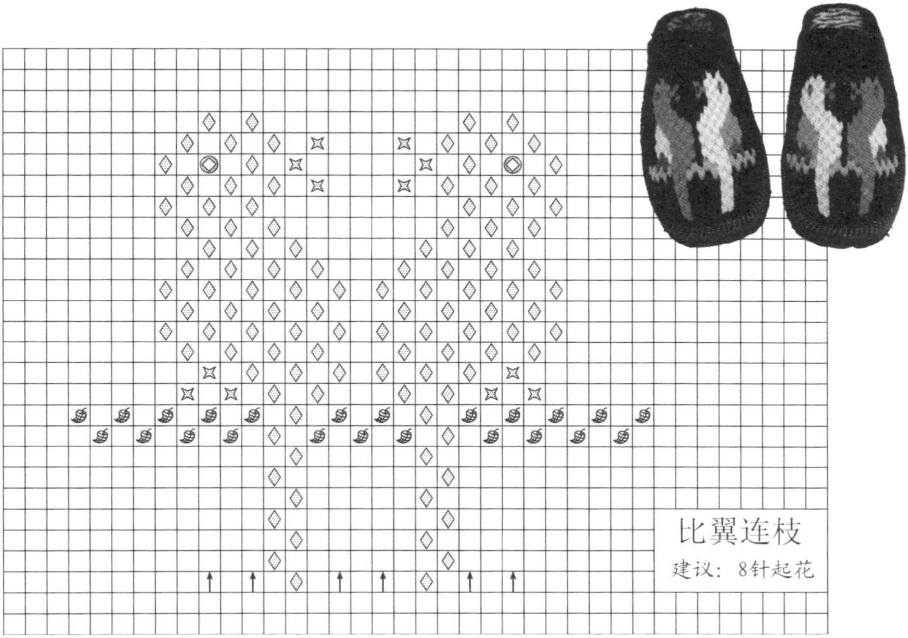

比翼连枝

建议：8针起花

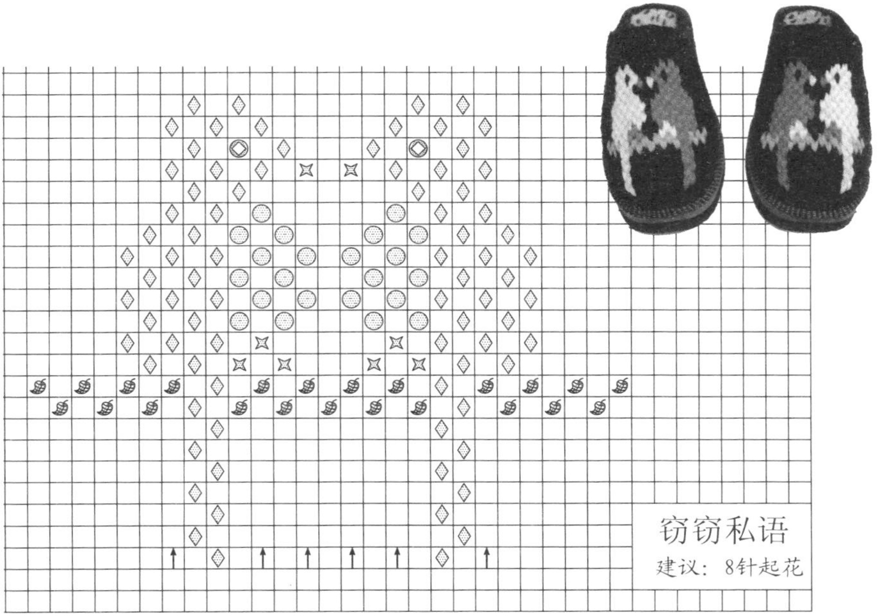

窃窃私语

建议：8针起花

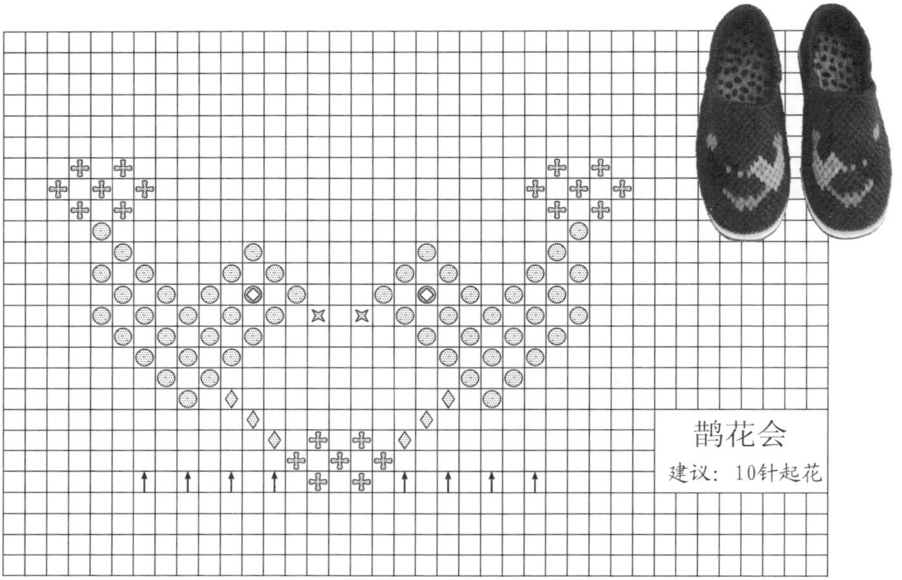

鹊花会

建议：10针起花

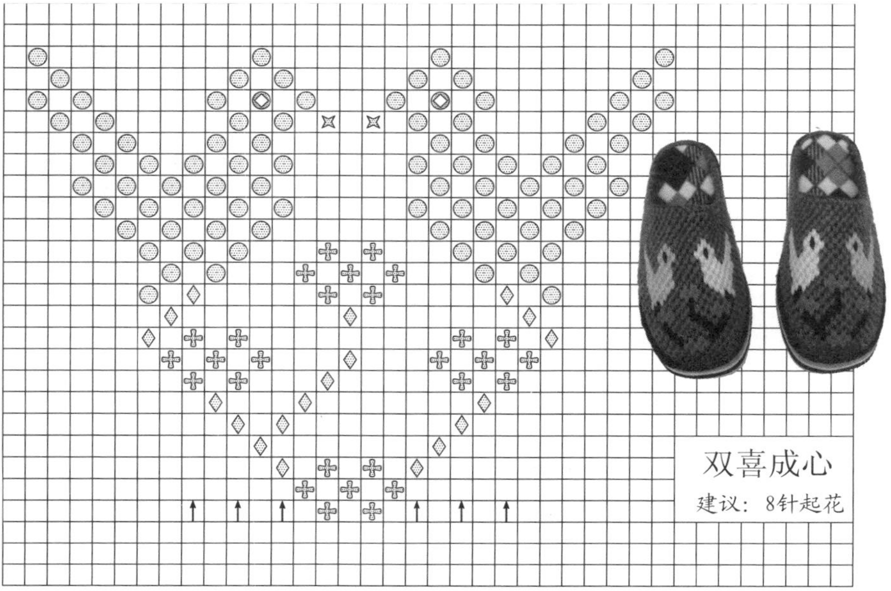

双喜成心

建议：8针起花

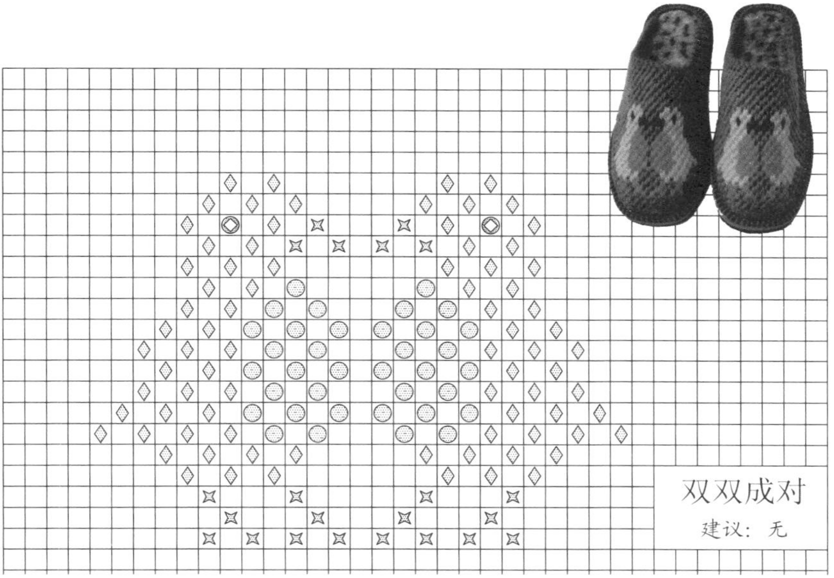

双双成对

建议：无

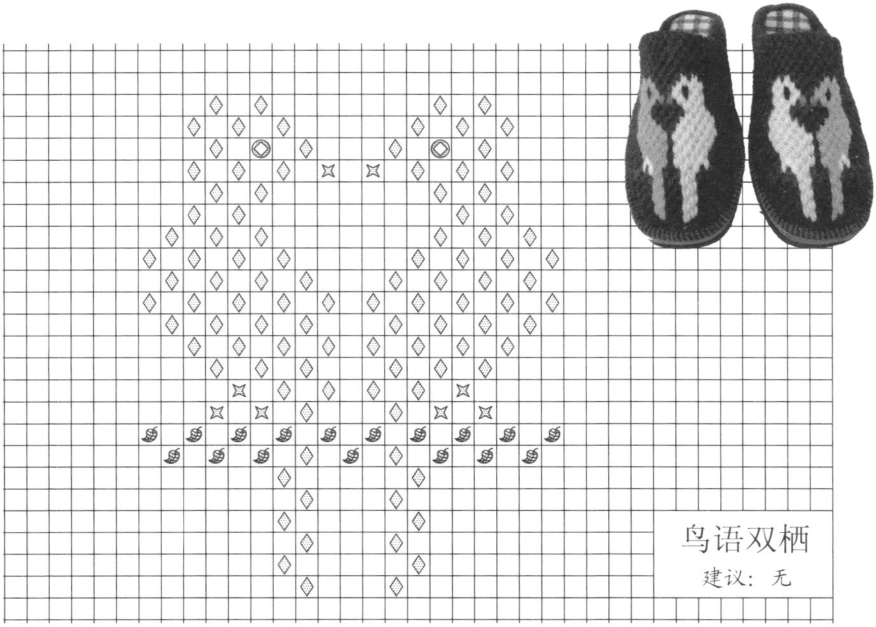

鸟语双栖

建议：无

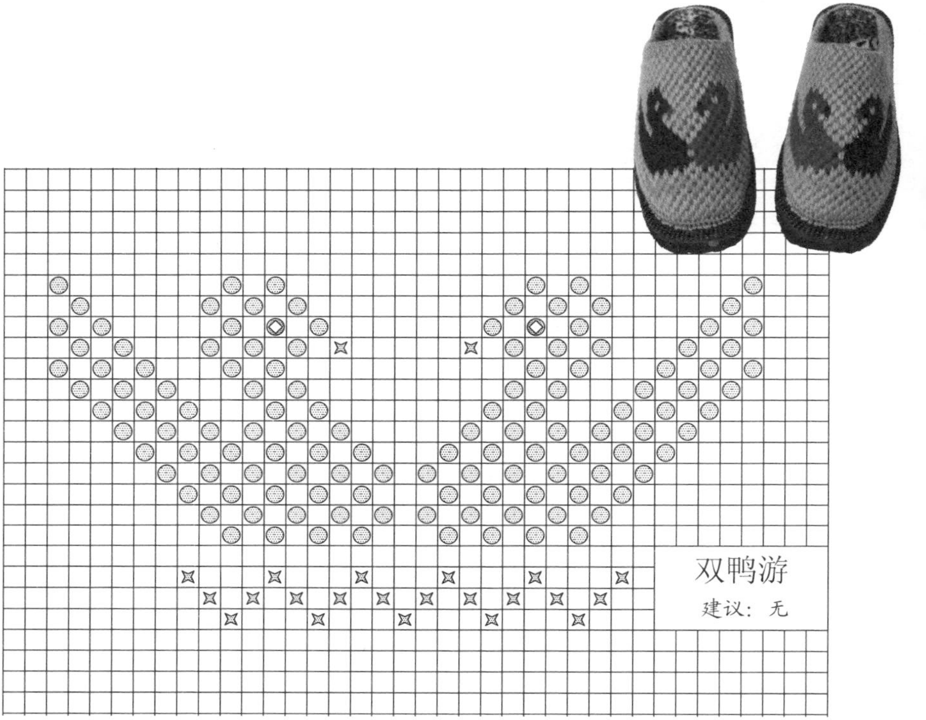

双鸭游

建议：无

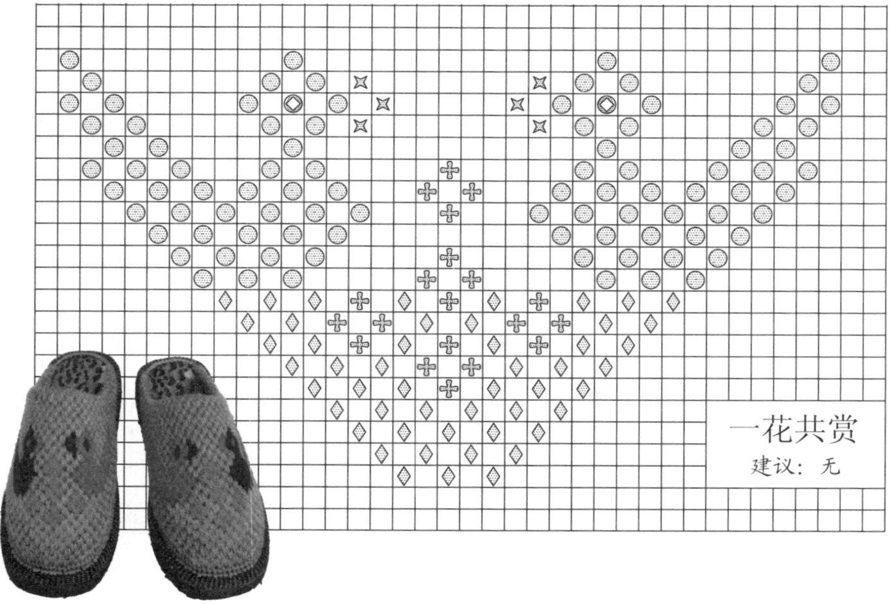

一花共赏

建议：无

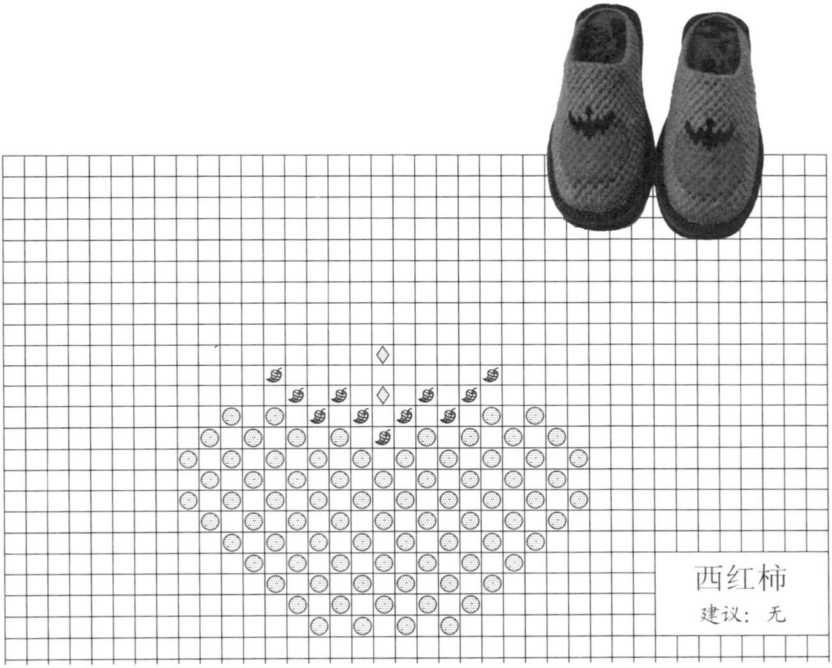

西红柿

建议：无

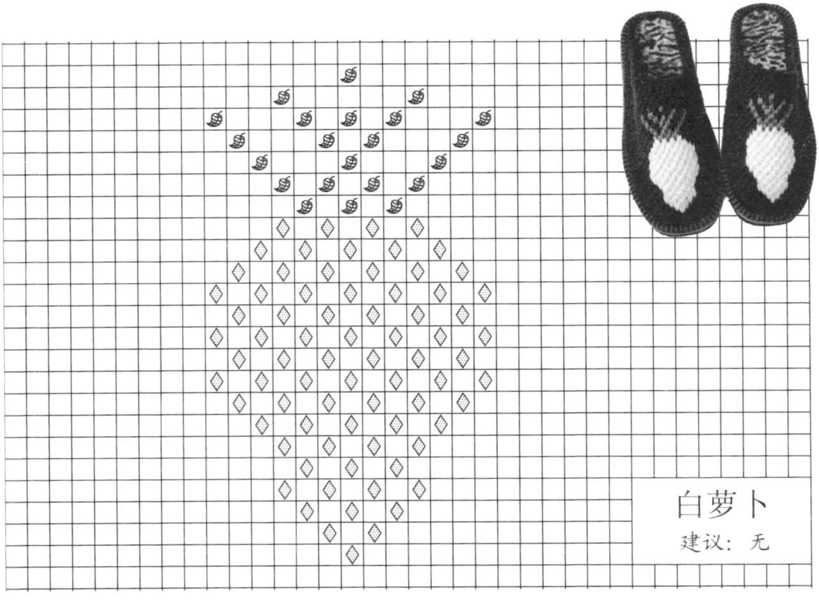

白萝卜

建议：无

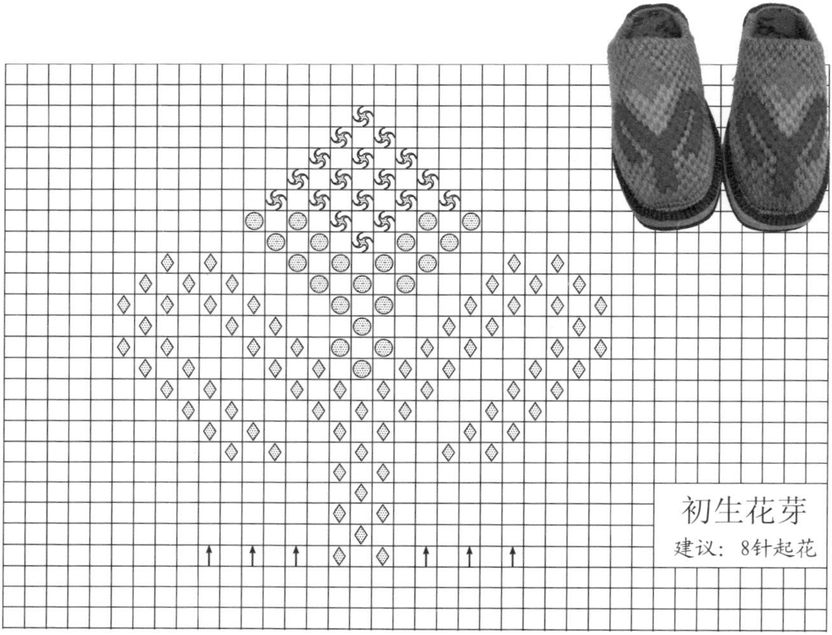

初生花芽

建议：8针起花

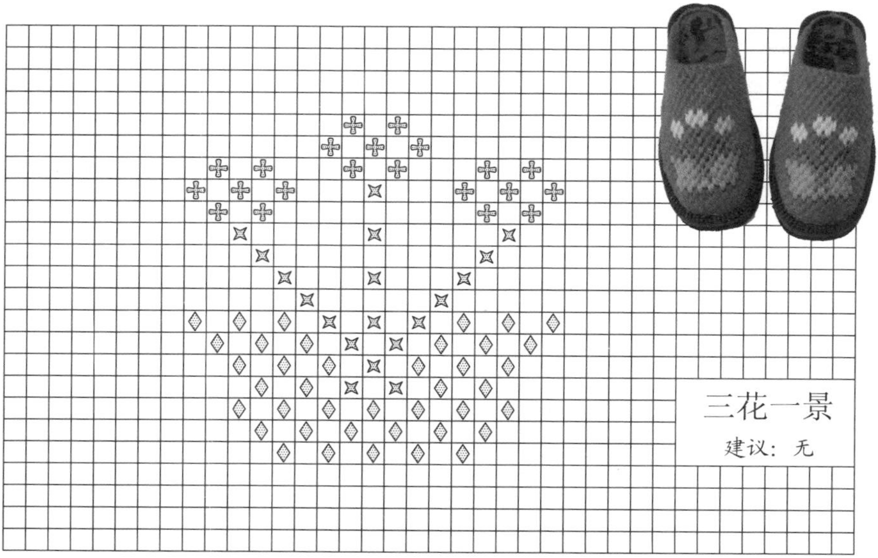

三花一景

建议：无

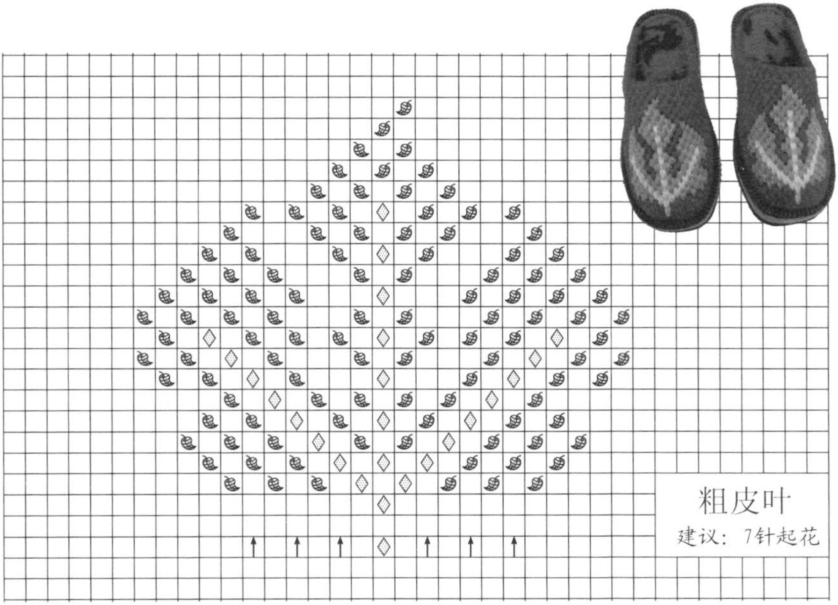

粗皮叶

建议：7针起花

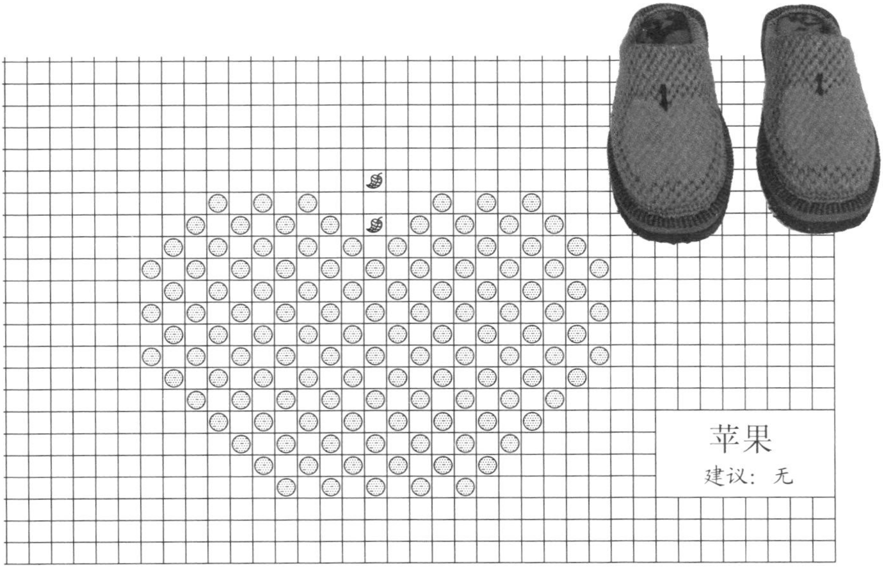

苹果

建议：无

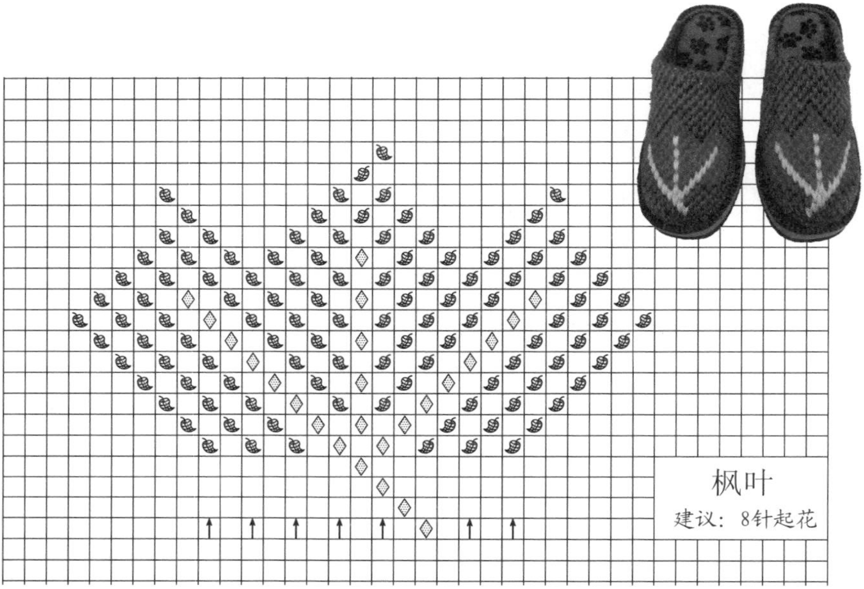

枫叶
建议：8针起花

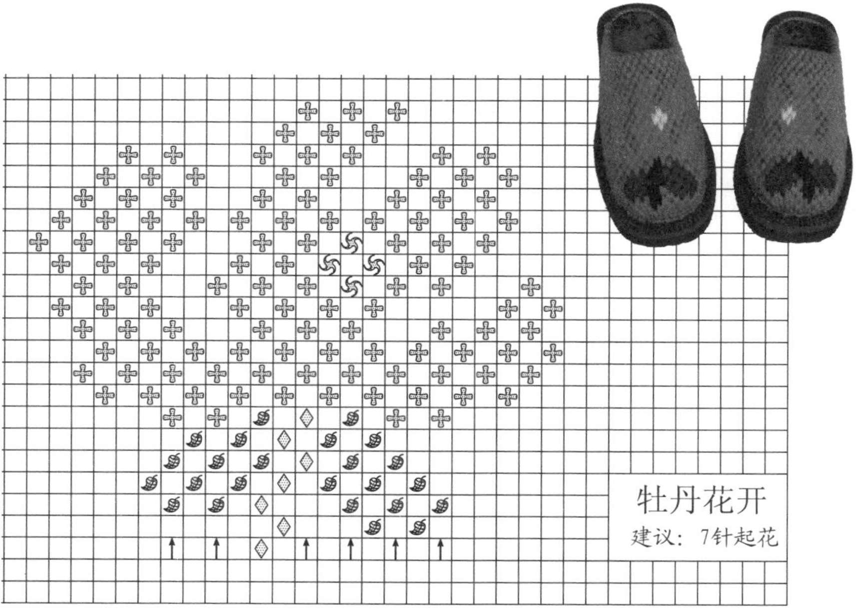

牡丹花开
建议：7针起花

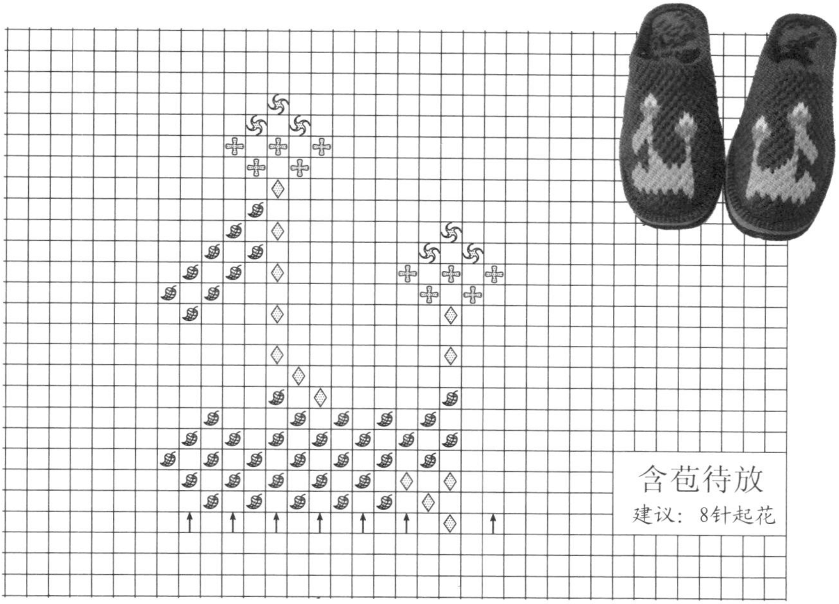

含苞待放

建议：8针起花

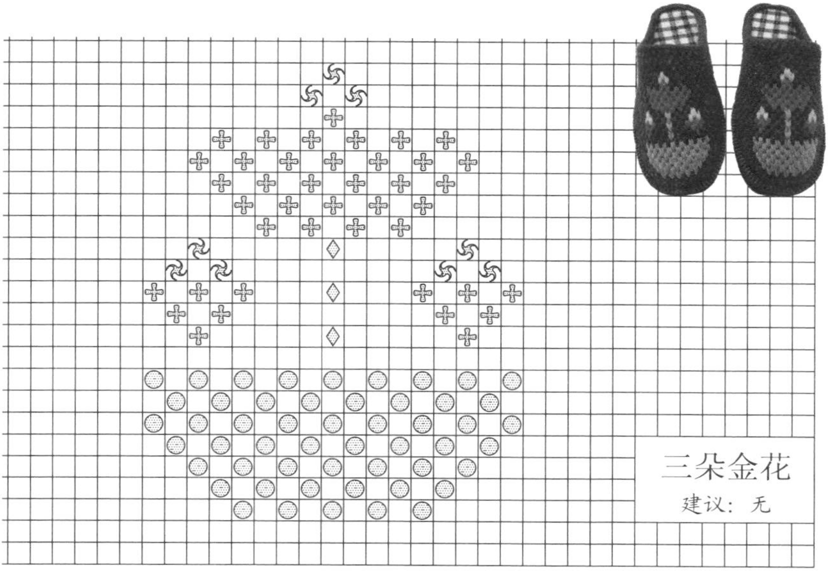

三朵金花

建议：无

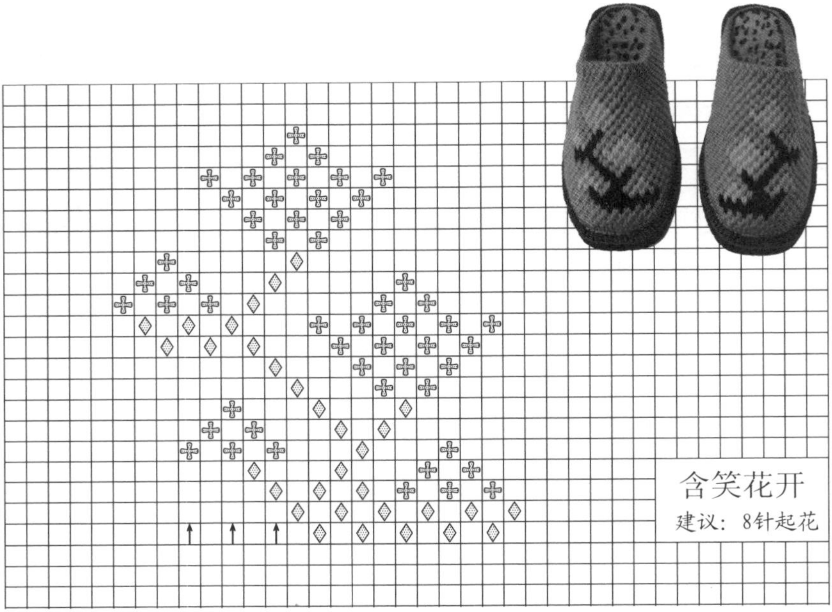

含笑花开

建议：8针起花

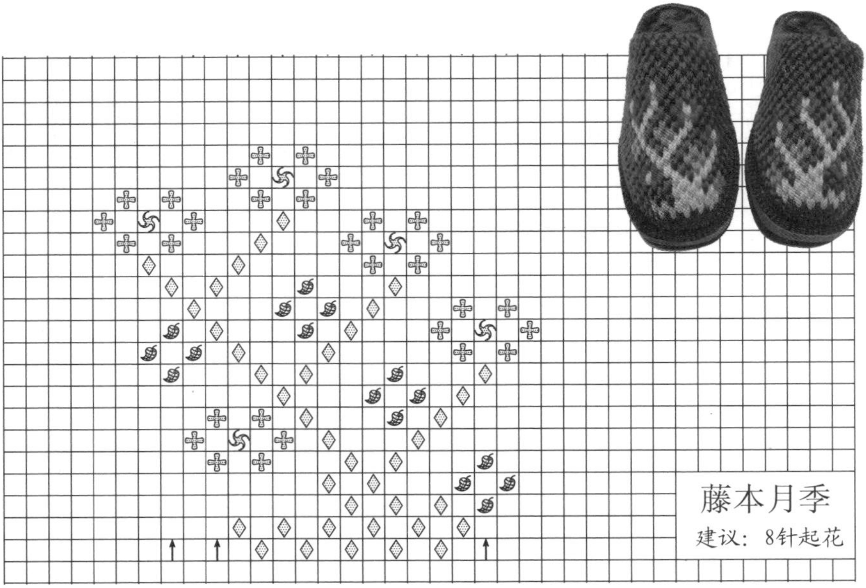

藤本月季

建议：8针起花

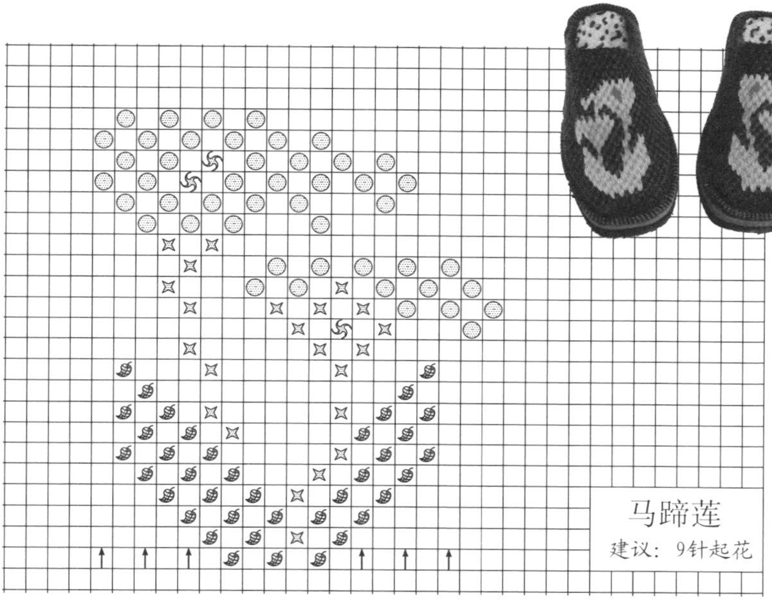
马蹄莲
建议：9针起花

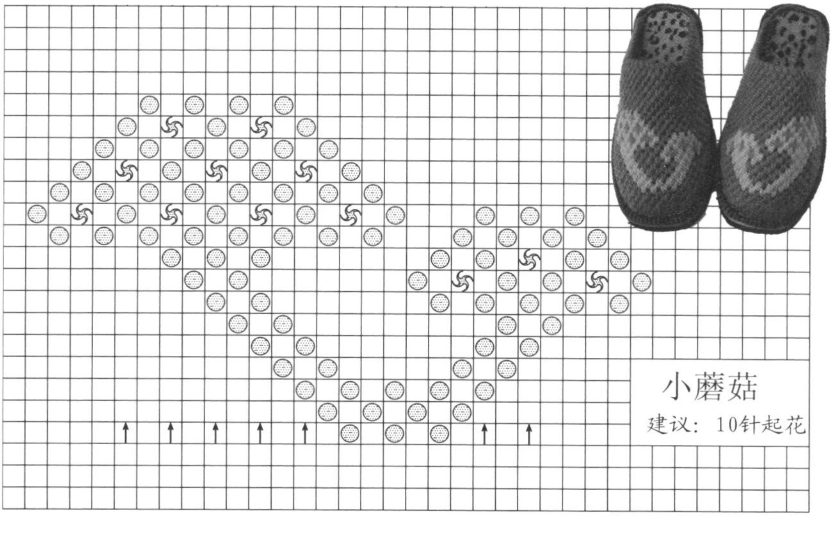
小蘑菇
建议：10针起花

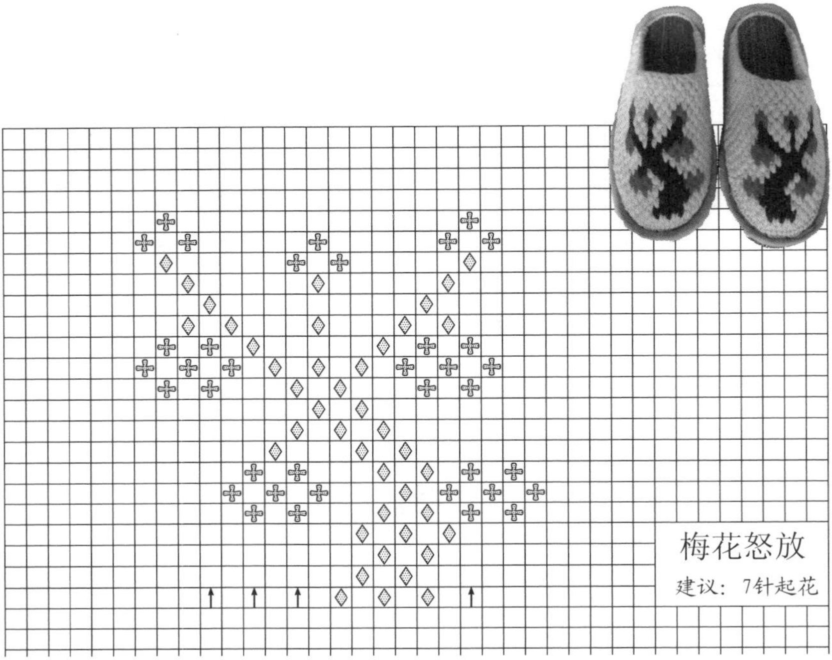

梅花怒放

建议：7针起花

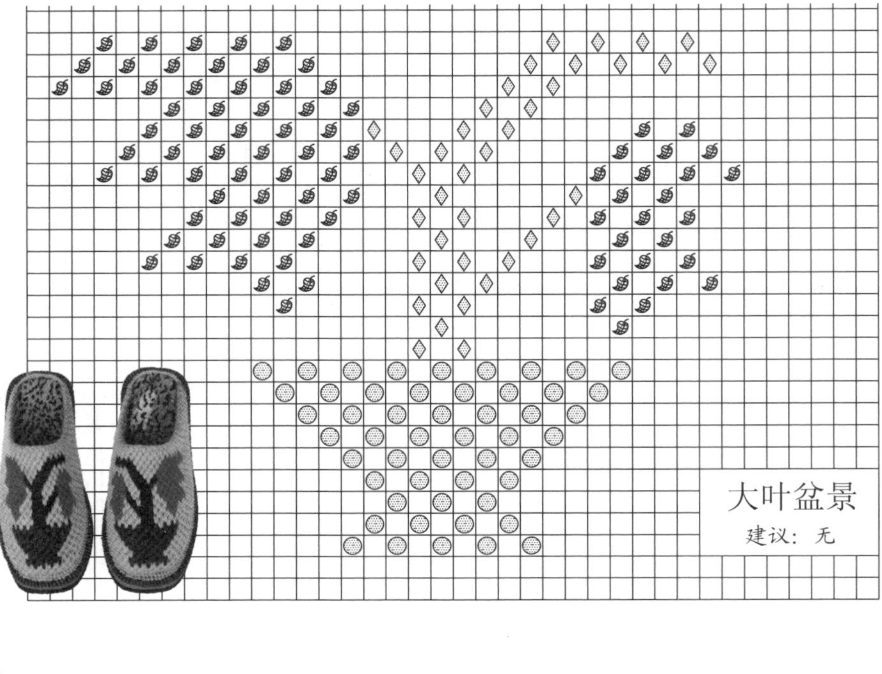

大叶盆景

建议：无

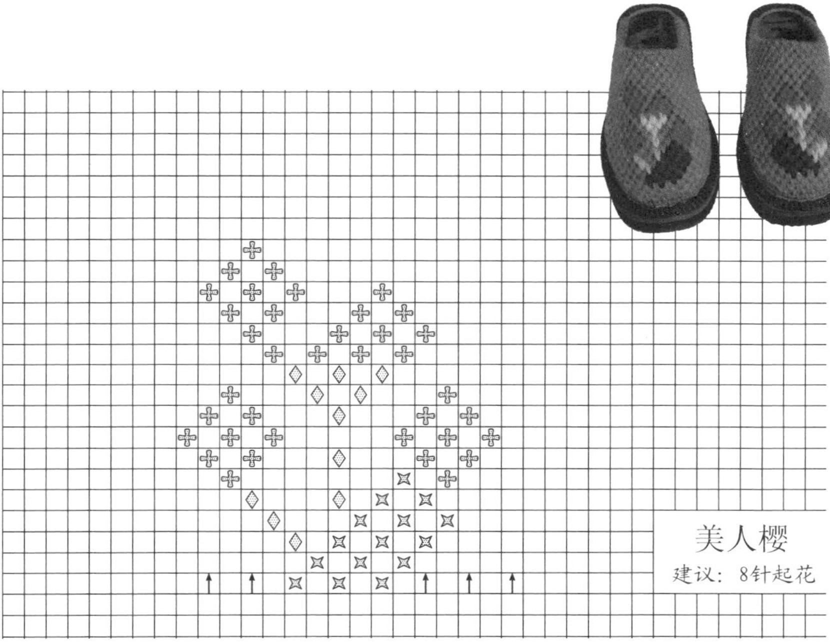

美人樱

建议：8针起花

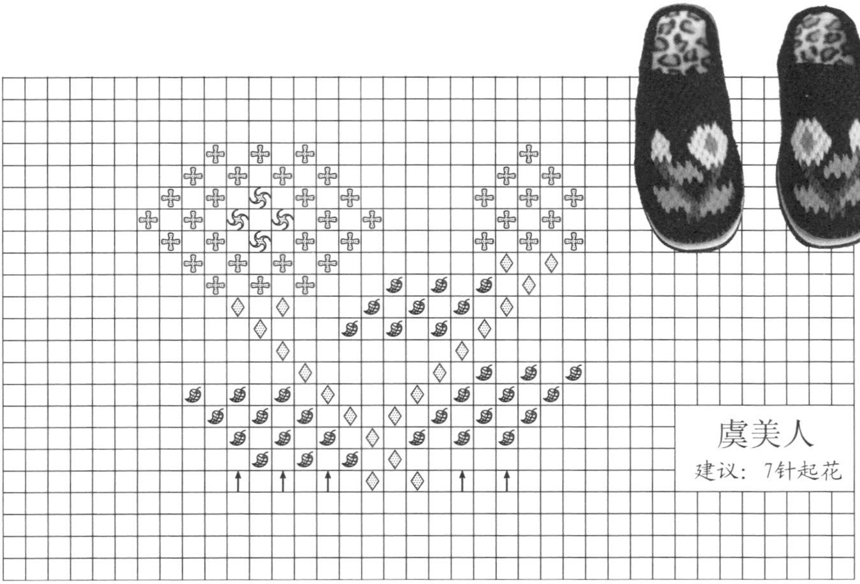

虞美人

建议：7针起花

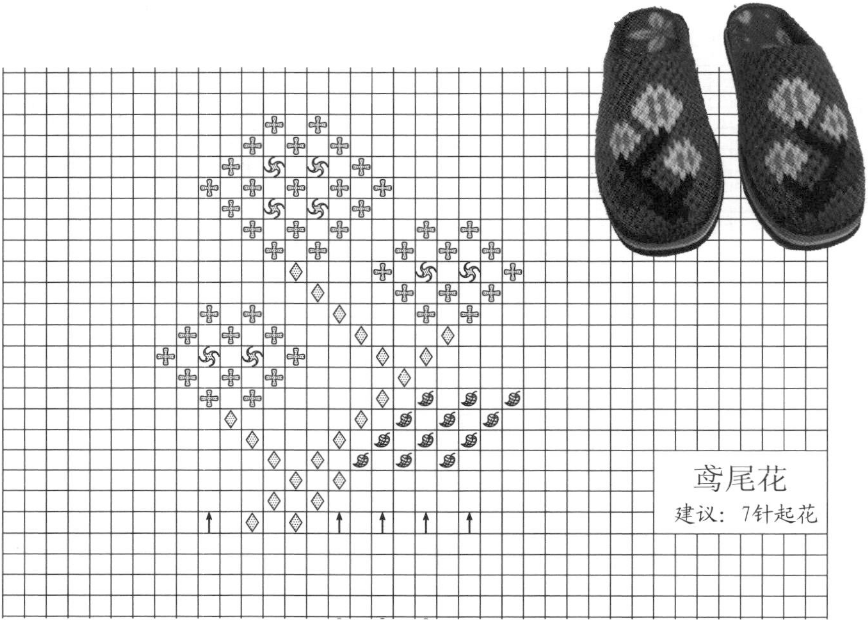

鸢尾花

建议：7针起花

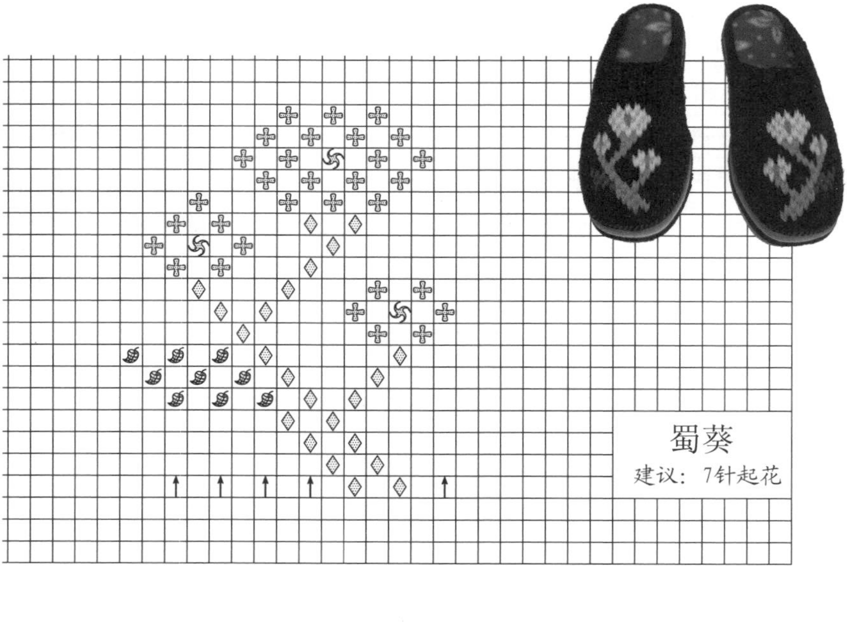

蜀葵

建议：7针起花

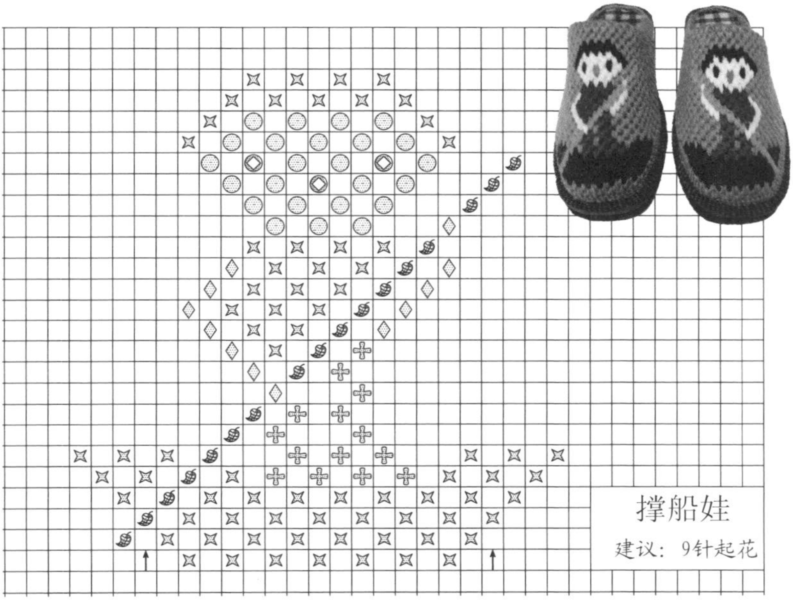

撑船娃

建议：9针起花

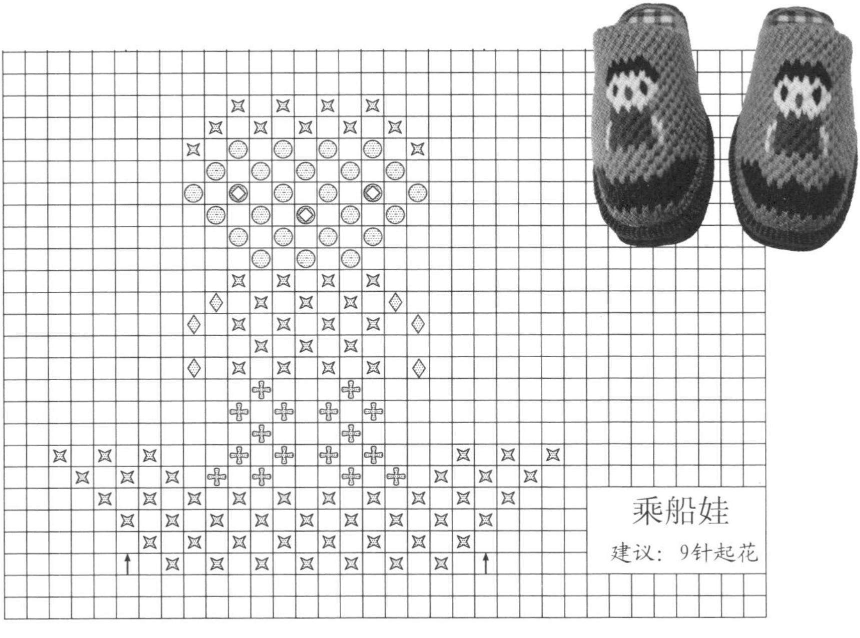

乘船娃

建议：9针起花

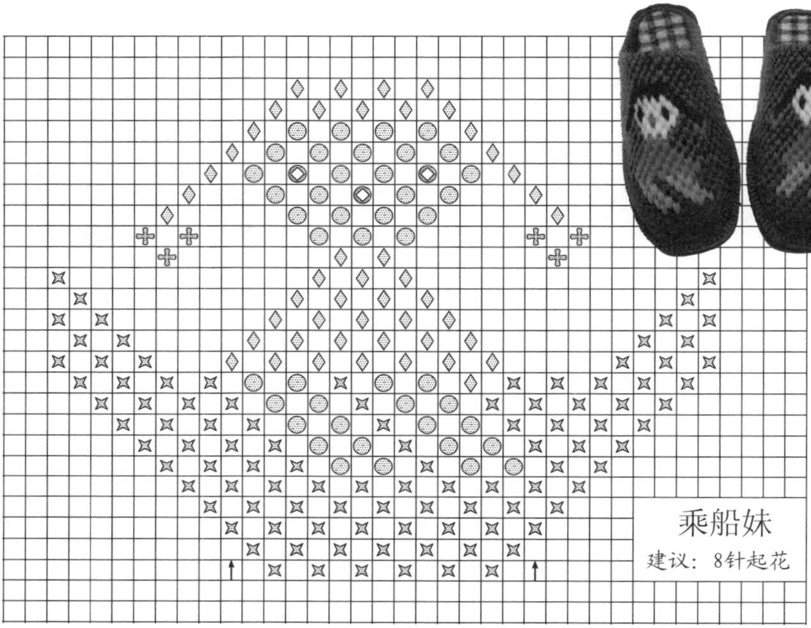

乘船妹

建议：8针起花

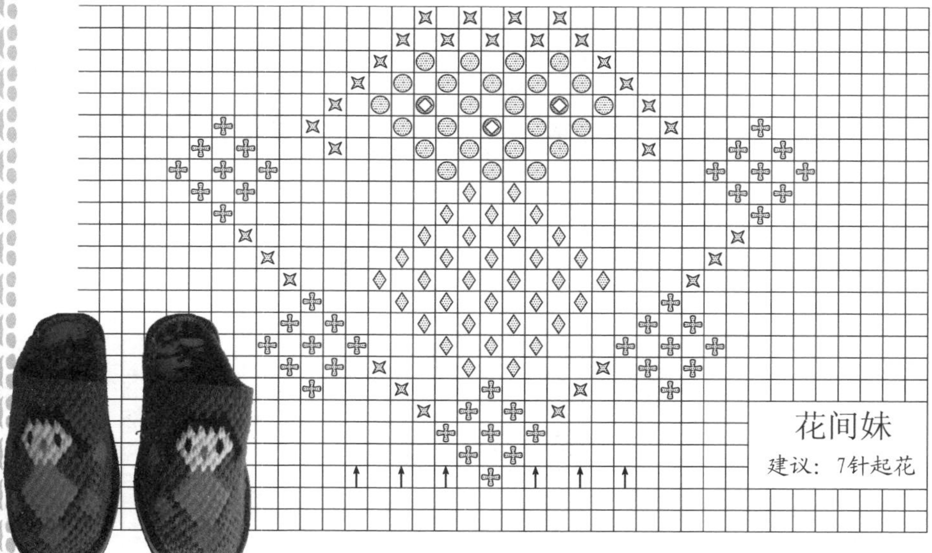

花间妹

建议：7针起花

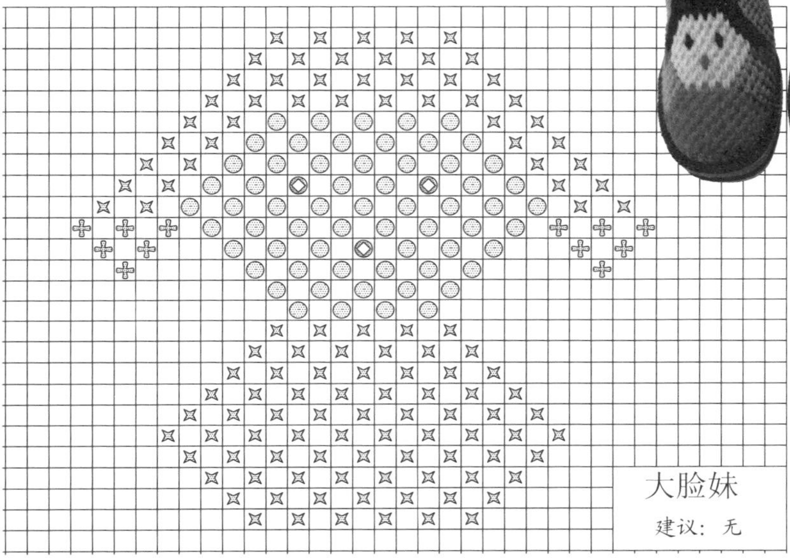

大脸妹

建议：无

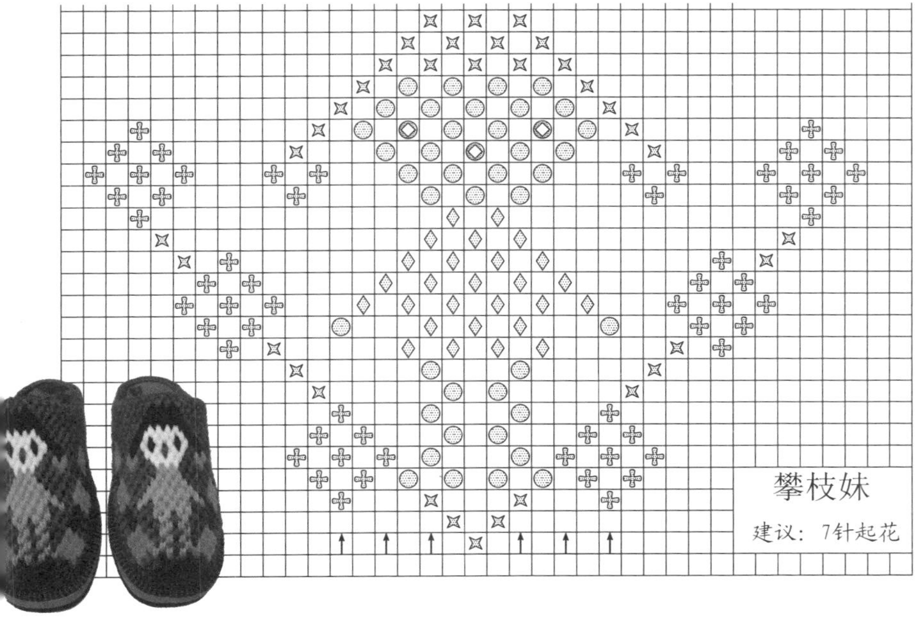

攀枝妹

建议：7针起花

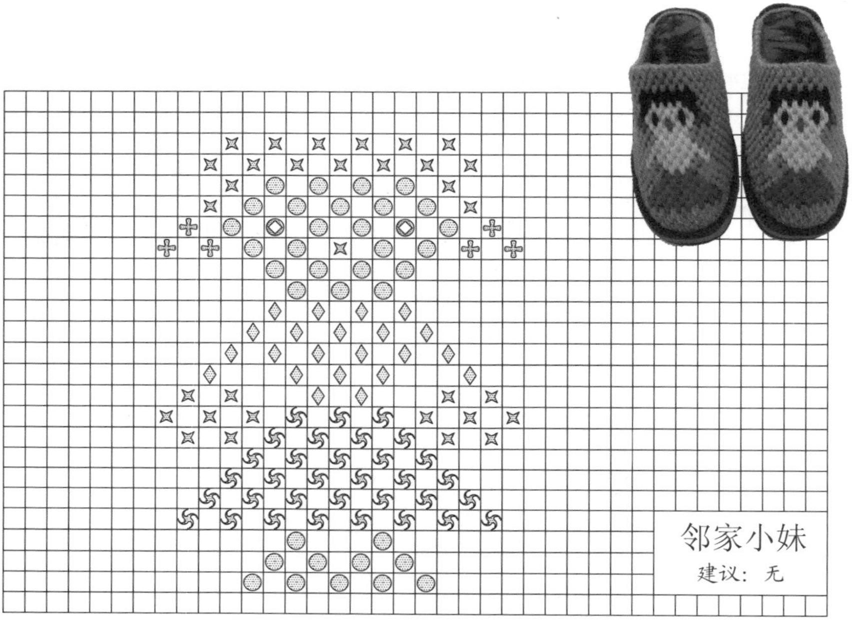

邻家小妹

建议：无

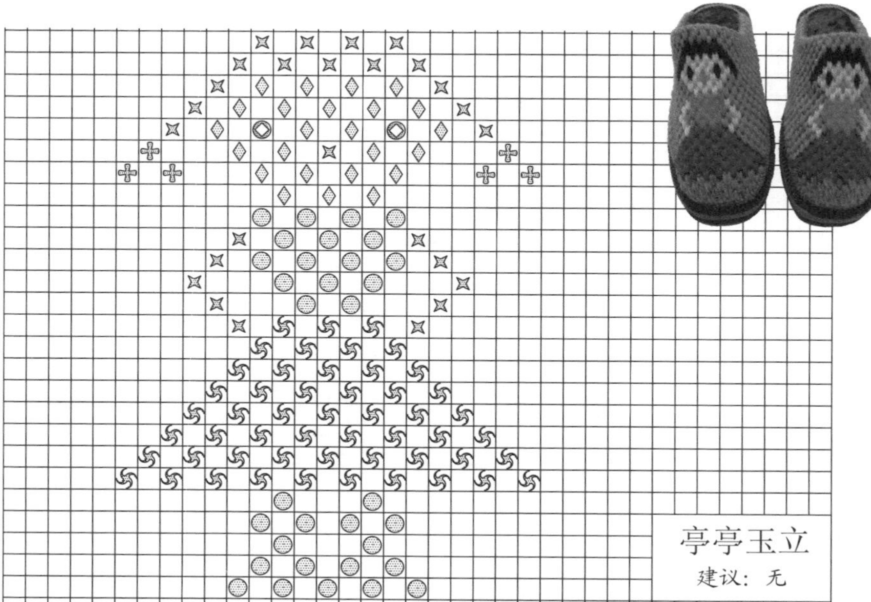

亭亭玉立

建议：无

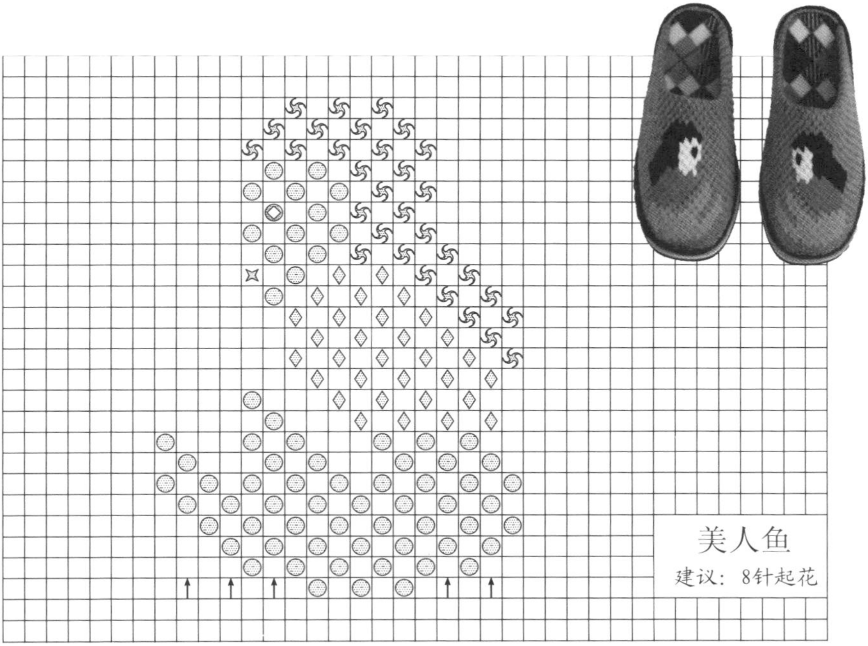

美人鱼

建议：8针起花

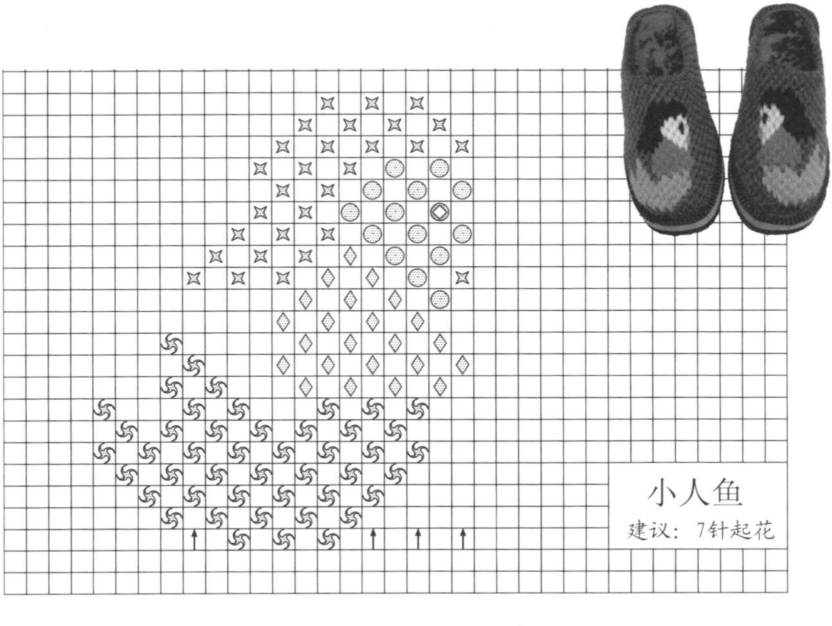

小人鱼

建议：7针起花

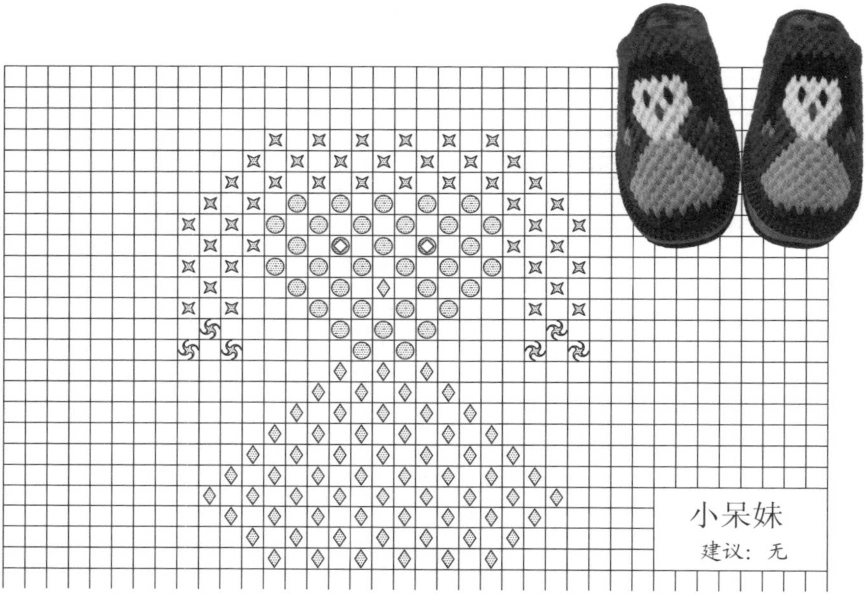

小呆妹

建议：无

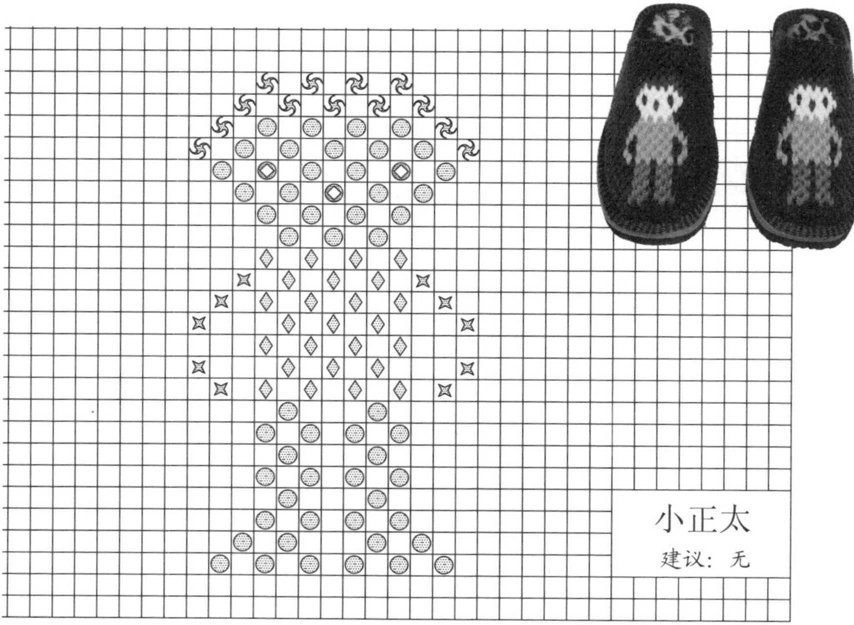

小正太

建议：无

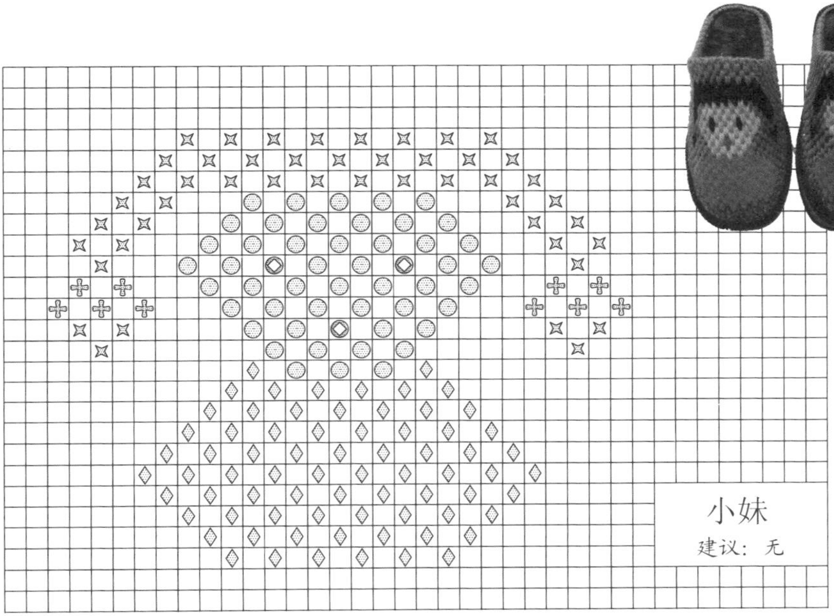

小妹

建议：无

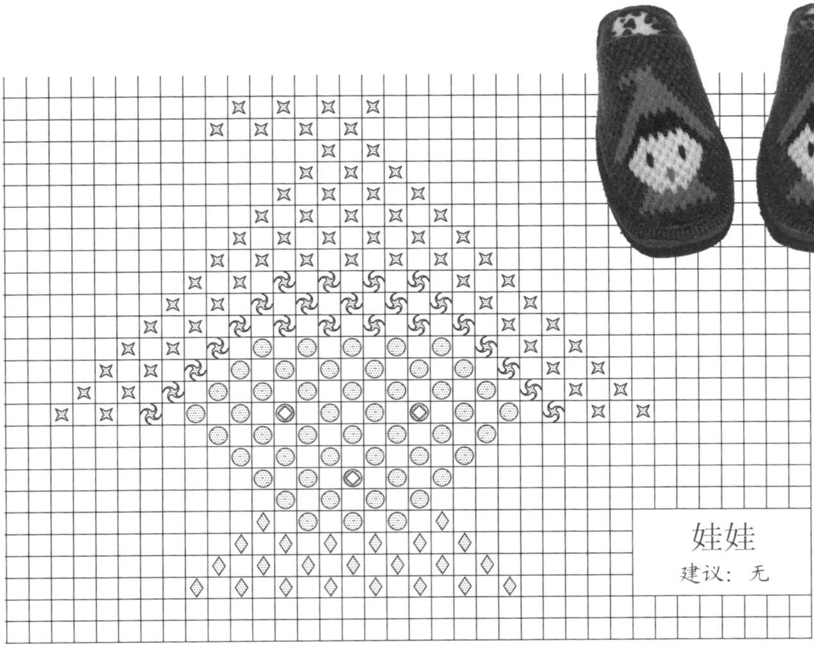

娃娃

建议：无

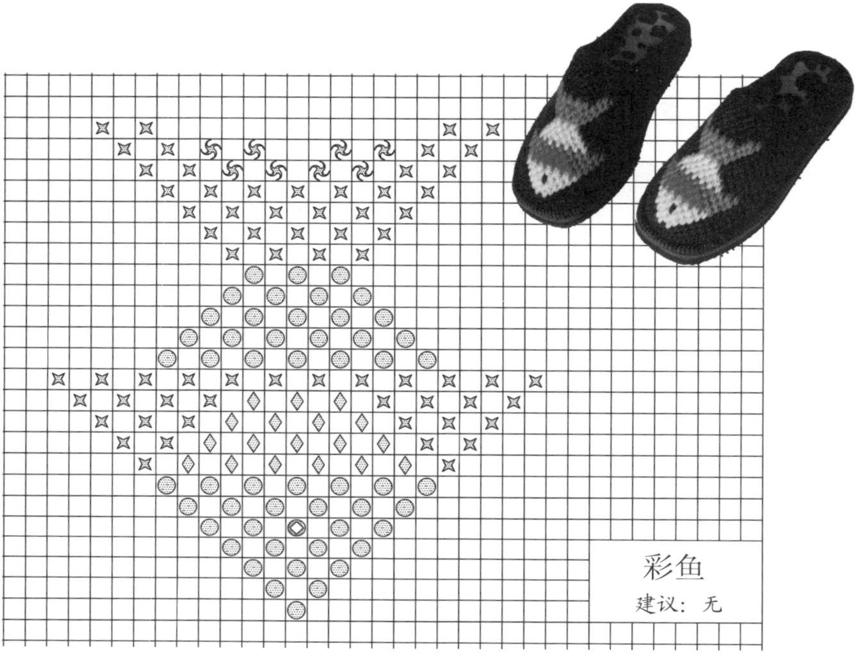

彩鱼

建议：无

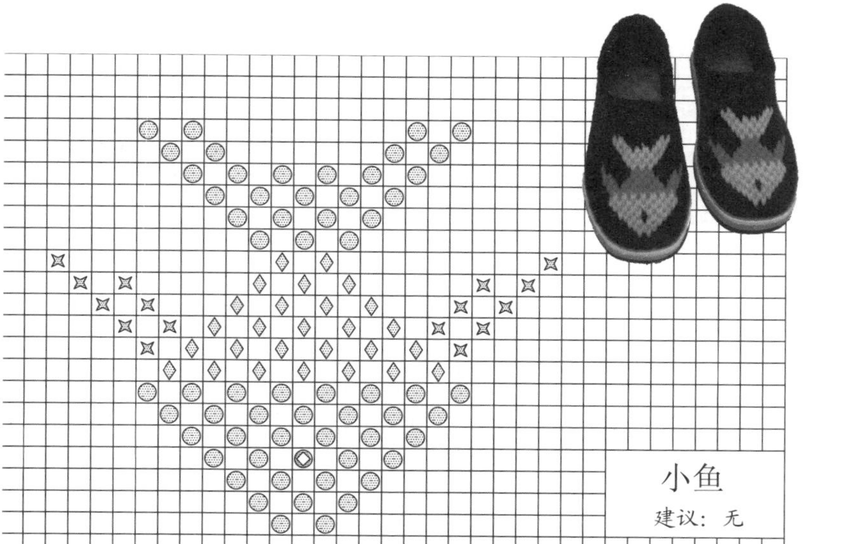

小鱼

建议：无

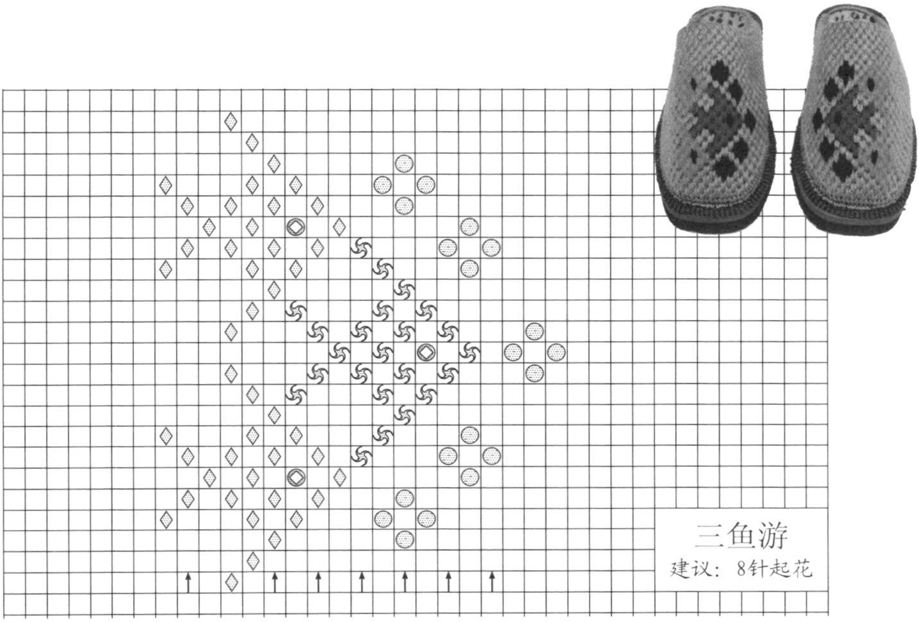

三鱼游
建议：8针起花

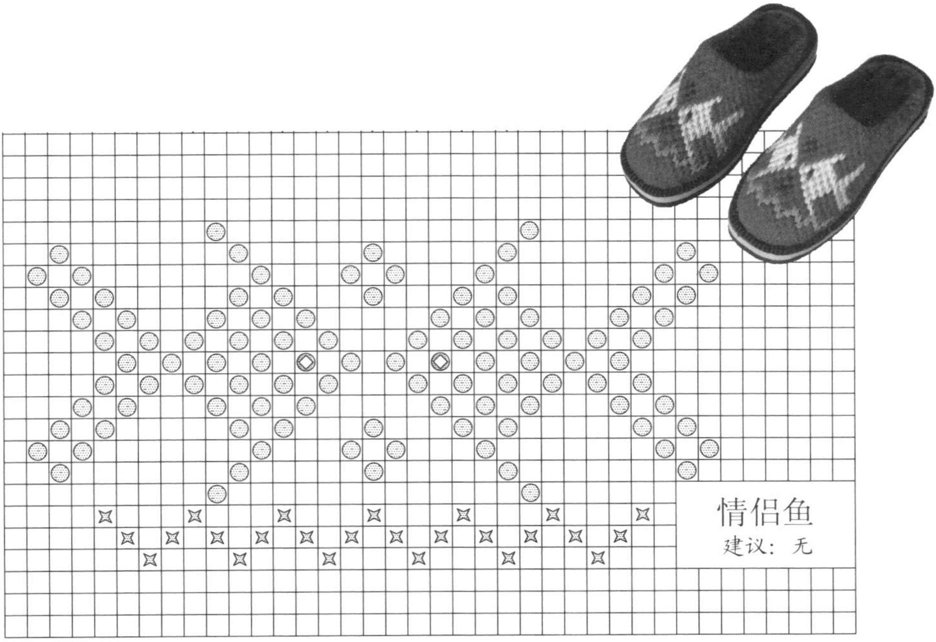

情侣鱼
建议：无

图书在版编目（CIP）数据

家居毛线钩鞋图案大全/欧阳小玲，徐骁编. —郑州：河南科学技术出版社，2013.10（2020.10重印）

ISBN 978-7-5349-6640-8

Ⅰ. ①家… Ⅱ. ①欧… ②徐… Ⅲ. ①鞋—钩针—编织 Ⅳ. ①TS943.75

中国版本图书馆CIP数据核字（2013）第253355号

出版发行：河南科学技术出版社

地址：郑州市郑东新区祥盛街27号 邮编：450016

电话：（0371）65788613 65788636

网址：www.hnstp.cn

责任编辑：冯 英

责任校对：柯 姣

整体设计：张 伟

责任印制：张艳芳

印 刷：郑州新海岸电脑彩色制印有限公司

经 销：全国新华书店

开 本：890mm × 1240 mm 1/32 印张：3.5 字数：100千字

版 次：2013年10月第1版 2020年10月第5次印刷

定 价：15.00 元